雨天晴天皆敏感

[日]武田友纪 著

胡玉清晓 译

中国科学技术出版社
·北京·

Original Japanese title: AME DEMOHARE DEMO "SENSAI-SAN"
Copyright ©YukiTakeda2021
Original Japanese edition published by Gentosha Inc.
Simplified Chinese translation rights arranged with Gentosha Inc.
through The English Agency (Japan) Ltd. and Shanghai To-Asia Culture Communication Co., Ltd.
绘画 / 插图：武田友纪
日文原书设计：驹井和彬（こまる図考室）

北京市版权局著作权合同登记 图字：01-2021-7291。

图书在版编目（CIP）数据

雨天晴天皆敏感 /（日）武田友纪著；胡玉清晓译.
—北京：中国科学技术出版社，2022.3

ISBN 978-7-5046-9436-2

Ⅰ.①雨… Ⅱ.①武… ②胡… Ⅲ.①心理学—通俗
读物 Ⅳ.① B84-49

中国版本图书馆 CIP 数据核字（2022）第 030566 号

策划编辑	杨汝娜	责任编辑	杜凡如
封面设计	马筱琨	版式设计	锋尚设计
责任校对	邓雪梅	责任印制	李晓霖

出　　版	中国科学技术出版社
发　　行	中国科学技术出版社有限公司发行部
地　　址	北京市海淀区中关村南大街 16 号
邮　　编	100081
发行电话	010-62173865
传　　真	010-62173081
网　　址	http://www.cspbooks.com.cn

开　　本	880mm×1230mm　1/32
字　　数	92 千字
印　　张	6
版　　次	2022 年 3 月第 1 版
印　　次	2022 年 3 月第 1 次印刷
印　　刷	北京盛通印刷股份有限公司
书　　号	ISBN 978-7-5046-9436-2/B·83
定　　价	59.00 元

前言

　　我叫武田友纪，是一名高敏感人士（HSP，Highly Sensitive Person）咨询师。

　　我主要从事的工作是为这一群体提供与工作和生活相关的咨询。同时我也是一位高敏感人士，本书是我讲述自己如何抱着敏感和感性的心态生活的随笔集。

　　高敏感人士是由美国心理学家伊莱恩·阿伦[①]（Elaine N. Aron）博士提出的概念，意为"非常敏感的人"。这类人士能够察觉到周围人难以注意的细节，并习惯深度思考。阿伦博士的研究表明，平均每5人中就有1人是高敏感人士。

　　感受更多，思考更多，体会更多。这样固然会有辛苦

---

① 伊莱恩·阿伦：心理学研究者、大学教授、心理医生和作家，亲密关系研究和高度敏感人士研究领域的领先者。——译者注

的一面，但我仍很喜欢敏感这一特质。

我会因为晴天而开心，因为咖啡店店员的微笑而感到愉悦。

在我看来，敏感是感知幸福的重要特质，它能帮助我们用感性关注日常生活中的小确幸①并全身心体会。

作为一名咨询师，我写了很多面向高敏感人士的书。其中，总结高敏感人士健康生活的方法论《高敏感人士之书》（飞鸟新社）在日本成为畅销书，受到众多读者的喜爱。随着电视节目和杂志对高敏感人士的介绍、报道，这一群体逐渐被大家了解。我想，除了高敏感人士健康生活的方法论以外，如果也能向读者更多地介绍高敏感人士的优点就好了。

为什么这样说呢？因为我觉得不断让自己变得更好并非易事。方法论归根到底是告诉他人"这种时候应该这样做"，有改善现状的意思。但是，人生中会发生很多意想

① 小确幸：心中隐约期待的小事刚刚好发生在自己身上的那种微小而确实的幸福与满足。——译者注

不到的事，有时候我们会失去干劲，想着"我想休息一下""现在要学习方法论，好累啊"。

我也时常会想："不想进步了，我想休息……"这种时候，我只想阅读一篇能让自己静下心来的文章。

如果说高敏感人士健康生活的方法论是整齐装盘的"荞麦面"，那么这本随笔集想要传达给大家的内容就是"荞麦汤"。

就像热腾腾的荞麦汤散发出的荞麦香气能让人感到温暖一样，我也想透过日常随笔带给各位高敏感人士温暖，告诉大家即使很敏感也没有关系。

"我不想阅读什么特别的技巧。我只想听一些有用的、能够让人放松心情的话。"这是很多读者的心声。

在这本书中，我想告诉大家的正是像在晚间电台里听到的那样能够温暖人心的话语。

目录

第 3 章　加强与自己的联系 …………………………… 97

第1章 用感性感受身心

用敏锐的"触角"
捕捉美好事物！

高敏感人士

"自己"和"世界"都很重要

2020年冬天，我曾有过一些关于幸福的思考。写了《如何增加高敏感人士的幸福感》这本书后，我开始重新将目光转到幸福这件事上。

幸福是什么呢？

带着幸福感生活是怎么一回事呢？

我不断地问自己，一边写作，一边回顾与来访者的沟通和自己一路走来的点点滴滴。我虽然读过心理学书，但只是稍加翻阅而已，因为我认为其中并没有我想要的答案。

心理学书里写的是前人的体悟，而非自己经历过

2

的事情。因此，即便能在书中找到"幸福是什么"的答案，并把它抄写下来，我也无法感同身受，更遑论用真切的语言，即具有震撼人心之力量的语言将其表达出来。

我常问自己关于幸福的问题，也习惯了一个人默默思考。怎么也想不明白时，就躺下休息，抑或悠闲散步，让身体放松下来。某天，我这样做的时候，忽地灵光一闪：我知道答案了！

想要带着幸福感生活，需要具备两个要素：

❶ 自己处在能够感知幸福的状态中。
❷ 周围世界中有对自己而言的美好事物。

"感受幸福既需要自己，也需要世界"这句话用文字表达出来似乎显得理所当然，但于我而言，它却是一个大发现。

在咨询工作中，我常注意到这样的情况：现实世界会随着一个人内心世界的变化而变化。

3

　　苦恼于与上司合不来的人，如果不再执着于此，转移注意力，开始做自己想做的事情，就不会过分纠结上司的行为，而是能淡然看之，"随他吧"。多年来一直"想辞职却又没有勇气"的人，转念一想"做自己就好"，或许就能下定决心辞职。

　　看到很多现实情况随着人的心境而改变的例子，我不由得产生了一种观点：即使面对困难的状况，也可以通过调整心态来解决。

　　但是，"仅凭一颗心就能解决问题"终究只是个例。和秉性相投的人在一起会很开心，和话不投机的人在一起则十分痛苦。待在干净整洁的空间里心情会立刻雀跃起来，待在乱糟糟的房间则会感觉不自在。

　　可见，人确实会受到环境的影响。

　　内心从容淡定，也就是"无论周围的环境和人有多糟糕，都能保持内心的平和与满足"，这是一种理想状态，正因为很难实现所以才是理想。我猜想，所谓顿悟的境界就是如此。

　　我们是人不是佛，要达到"内心从容淡定"的境界还任重道远。心态固然重要，但身边存在美好事物也同样重要。

说件小事，前几天我买了一双软绵绵的袜子。它是我为迎接冬天而特意准备的一双雪白的、织得很柔软的袜子。在它之前，我已经买了三双袜子，理论上来讲已经够了，但还是忍不住觉得"这双袜子真好啊"。

穿着像毛衣一样温暖的袜子，每次走路都感觉很舒服，心情也很好。在房间里每踏出一步，双脚就像被被子包裹着并稳稳地接住一样，从脚尖开始就有被重视的感觉。

虽然只是一双袜子，但也要用心对待，把它洗得干干净净的。不管是晾在阳台上还是收进房间，看到它在衣架上摇摇晃晃的样子，就会有一种"想要好好珍惜它"的感觉。

早上，一边梳洗一边想着"今天就穿那双袜子吧"，心里也变得暖暖的。

幸福生活不仅依靠一颗心，也可以借助外物的帮助。人应该拥有一些暖心小物，我的暖心小物就是冬天的袜子。

用煮蜂斗菜① 回归平静的生活

　　成为职业咨询师之前，我是一名公司职员，那时我曾在一本杂志的角落读到过一句话："在秋天的长夜里煮瓶子。"这句话一下子击中了我。我记得那是一本家居生活杂志，在杂志的一页上刊载了"时令手工角"栏目，上面写着"春末用草莓做果酱，秋天把瓶子煮一煮，用来保存食品"。

　　那是我在制造企业工作的第三年。当时，连续加班是常态，对着电脑吃一些CalorieMate② 就算是晚饭了。那时候，我办公桌的抽屉里并排放着五六个装着CalorieMate的黄色小盒子，决定"今天吃什么味道"是我的小乐趣。如果选择巧克力味，代表那天心情不错，是给自己的奖励。对于每天如此忙碌的我来说，"在秋天的长夜里煮瓶子"不过是幻想罢了。

---

① 蜂斗菜：一种中药，具有清热解毒、散瘀消肿之功效。——译者注

② CalorieMate：由日本大塚制药生产的能量补充食品品牌。——译者注

杂志上写的事对我来说完全不现实啊……比如，做果酱、煮瓶子、做拼布沙发套。

虽然我知道有闲暇时间做手工的生活对我来说是不现实的，但内心深处还是受到了冲击。

还记得那时候我给大我一岁的姐姐打电话说："杂志上这样写，是做梦吧。"然后我们俩一起笑着说："哎呀，这种生活是不可能的。"

好几年过去了。如今，我正在乐此不疲地煮瓶子。

在蔬菜店挑选梅子制成梅子汁，腌制薤头①和泡菜，手工缝制坐垫套……做手工这件事出现在了我的生活中。这是在我从公司辞职成为自由职业者，并和丈夫共同生活之后。

我对晚上吃CalorieMate已经习以为常了，所以成为自由职业者后仍然不喜欢做饭。在我看来，做饭一小时，吃饭十分钟，太没有效率了。

和丈夫生活在一起后，他负责做饭，我负责打扫。一

---

① 薤头：一种野菜，外形类似大蒜，其制成的罐头酸甜可口。——编者注

天早上，餐桌上出现了煮蜂斗菜，我大吃一惊。

我们家是一座房龄50年的老公寓，公寓前有一个小院子，院子里种着柿子树和杜鹃花，大概是前屋主留下的。

我知道院子里长着蜂斗菜，但没想到丈夫会采摘它们并一根一根地择干净之后撒上盐，将其放入锅中煮……在我看来这个过程很麻烦，于是我问他："为什么你要做这么费功夫的事呢?"我不明白他这样做的意义何在。

没想到用鲣鱼汤煮出来的蜂斗菜味道清甜，非常美味。跟会做沙拉酱和照烧鸡的丈夫共同生活后，我渐渐意识到了也许做菜并没有那么难。

我从丈夫那要来了原料，并向他学习了如何做蘸料（只需要将橄榄油、醋、糖放入碗中拌匀即可）。把蜂斗菜切成块状，撒上盐，再加少许水，放入无水烹饪锅中用小火混煮（混煮是一种能够充分引出蔬菜味道的烹饪方法，即使不加调料也十分美味）。

在学习做菜的过程中，我也喜欢上了做一些应季的体力活。现在，我最喜欢的时光就是拿着剪刀在院子里采收蜂斗菜，一刀一刀剪下去的时候。

在咨询工作中，我好像逐渐找回了自己的身体，变得自信了。一直对着电脑，感觉身体的轮廓都变模糊了，仿佛自己只剩下一颗晕晕乎乎的脑袋。

这种时候也可以通过做简单的工作恢复五感。将新鲜的扁豆"啪"的一声折断，去掉筋，或者将成堆的大蒜洗干净，一个一个地去皮，感受指尖的触感，大蒜刚洗完的时候很光滑，但时间久了会变得黏黏的。

动手指的时候，大脑会安静下来，感觉"自己"又回到了身体里。让身体专注于嗅觉、触觉等五感，就能实实在在地感受生活。我感觉体力活让我回归了平静的生活，于是继续卖力地剥大蒜。

工作是和自己建立连接的宝贵时间

除了空闲的时候，忙碌或者内心摇摆不定时也多做些体力活吧。如果过了大蒜或梅子的季节，不妨在浴巾上刺绣，这也不行的话也可以只是切菜，然后将它们放入锅中煮，或者试着拔一拔院子里的杂草。

也许你有过这样的体验：心里焦躁不安的时候专心打扫浴室，擦干地上的水，做完这些之后一下子变得神清气爽。这是因为体力活能让人平心静气。

接受高敏感人士关于工作方面的咨询时，我通常会问他们："你们有喜欢工作的时候吗？"得到的回答有"我喜欢把发票信息输入电脑""我喜欢把邀请函装进信封"等。

不妨试试在浴巾上刺绣吧！

浴巾变结实了！

心理学上把注意力高度集中的时间称为"区域"（zone）和"心流①"（flow），这是人能够感受到幸福的时刻之一，而工作很容易让人进入心流状态。

如今在职场上，为了更有效率，工作要么被自动化取代，要么被外包出去，但做这些工作的时间对人来说却是"专注"的好时机。

精神科医生泉谷闲示对人的"大脑""身心"（身体和心灵）分别进行了说明。他表示，大脑偏理性，有掌控一切的倾向，因此大脑常告诉我们"应该……""不能……"。大脑擅长分析过去、模拟未来。

与之相对，心则偏情感、欲求和感觉（直觉），它更注重"此时此刻"，心会告诉我们"我想……""我不想……""我喜欢……""我不喜欢……"。

身和心是一体的，如果大脑关闭了接收来自内心信号的通道，那么这些不被倾听的内心的声音就会成为症状反

---

① 心流：心理学中指一种人们在专注进行某行为时所表现的心理状态。——编者注

11

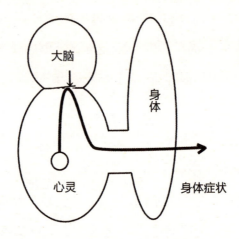

大脑

身体

心灵　　　　　　身体症状

[图片来源：《不吃药也能治好"抑郁"》(泉谷闲示　著)]

映在身体上。

　　忙碌的时候很容易忘记，人不只是大脑在活动，还有身体和心灵。让人在当下感受到幸福的不是大脑，而是身心。如果不动用身体，单纯依靠大脑忙碌地思考，反而会失去与自己建立连接的机会。

　　如今，工作和生活都追求高效，体力活往往被认为"不如买来得快""浪费时间"，但如果你想生活得更有烟火气，请为自己留出一些静下心来动手的时间。

　　我总是期待着叠衣服的时间。连续几天都很忙碌，洗好的衣服来不及叠，在沙发上堆成了小山。我边心想着"房间乱糟糟的，要收拾一下了"，边偷着乐。

　　手里叠着衣服，我感觉脑海中各种混乱的思绪也被安顿到了该去的地方，情绪也得到了调适。

不理解他人的感受是自由的

　　从事咨询行业让我学到了很多东西，我认为其中对我最有帮助的是"我们并不理解他人的感受"。

　　刚开始为高敏感人士提供咨询服务的时候，有来访者曾对我表示"因为太理解对方的感受，所以很辛苦"，如"我知道上司希望听到我怎样回答，所以很难发表自己的意见""我知道朋友们是怎么想的，这样很累"等。

　　确实，高敏感人士善于捕捉对方表情、语气等微妙的变化。然而，这种"理解"究竟有多准确呢?

　　曾经有一个高敏感人士来找我咨询的时候说："我的

同事是一个很爱出风头的人，我知道他做事情很想被大家关注。"实际上，提出这个话题的来访者自己也希望被关注。

我们把这种现象称为投射，意思是明明自己在这样想，却感觉好像是对方的想法。当你认为"那个人是这样想的吧"的时候，可能只是一种投射。

这种情况下，高敏感人士会说："我知道对方的想法，这样太累了。"这时我便会在心里嘀咕："朋友，你也是啊。"然后偷偷验证实际上我们对他人的理解是否准确。

我试过在吃午饭时一边和朋友聊天一边在脑海里说对方的坏话。然而，那位朋友却毫无察觉，依旧在我面前滔滔不绝地说个不停。

"说是能理解他人的感受，但其实无法读懂对方脑子里的想法！"这对当时的我造成了巨大的冲击，因为一直以来我都认为"我能理解他人的感受"。

之前常接受来访者关于"理解他人的感受"的咨询，而我也有这个困扰。

正因为想着自己能理解对方的感受，所以会盲目根据自己的揣测"他一定是这样想的"来采取行动，而不向对方确认"你是怎么想的呢"。

很多时候，我们并没有验证自己对他人的理解是否准确。和友人的那顿午饭之后，我继续找机会确认我们对他人理解的准确度能有多高。

在某次和高敏感人士的谈话会上，我问参会者："各位，你们有多了解他人呢？你们确认过自己对他人的了解能达到百分之多少的准确度吗？"

根据收到的反馈，与丈夫在一起十年的女性（这位女性是高敏感人士，她的丈夫是非高敏感人士）表示："大概只有80%，有时候我以为他生气了，其实他只是睡着了。"

也有夫妻二人都是高敏感人士，一起来参加谈话会的情况。他们表示："我想去揣摩对方心思的时候往往并不顺利，用语言表达出来之后就好多了。"

我在面向高敏感人士的研讨会上做过这样一个小游戏：给其中一位参会者看纸条（上面写着"请回想一下今

天发生的好事"或者"你今天早上吃了什么"等），然后根据她的回答问在场的其他人："大家知道她现在在想什么吗？能理解她此时此刻的感受吗？"

有些妻子看到丈夫很生气的样子，小心翼翼地问他："你生气了？是因为我不怎么做饭吗?"（其实并非如此，对方只是因为工作上的事生气）。

有时候越问反而越不能理解对方。对方是在生气还是很开心，这样的大方向尚且能把握，但却很难搞懂"他在想什么"或者"他为什么生气"这种更具体的想法。

明白这一点后，我便想通了。

我想，在人的认知中，他人和自己在某种程度上是相同的。换种表达方式就是，认为"自己能理解他人的感受"的人也同样会认为"他人能理解自己的感受"。

有人会为"那个人完全不理解我的想法"而生气，但这是以"对方应该理解自己"为前提的，会生气是因为对方没有遵循这个前提。

此前，我一直坚持不要恶意忖度他人，因为如果你这样想的话，对方也会接收到这个信号。不过，我现在知道了，脑海里的想法不会暴露出来，所以，我们是不是就能在脑海中自由地讲对方的坏话了呢?

例如，和朋友聊天的时候，我会想："她话好多啊!"先不考虑是否将自己的感受表露出来，但如果可以在脑海里对对方进行吐槽，那自己心里就不再那么压抑了。

这样想之后，我的人际关系反而变得非常轻松。

"朋友和我聊得很开心，我不能嫌她话多。"如果像这样否定自己的自由意志，就会因为强求自己"必须认真听到最后"而疲惫不堪。但如果想着"她话太多了"，则会以一种轻松的方式转换话题"话说……"，或者笑着告诉对方"这件事已经讲很久了哦"。就像我们感到冷就会调节空调的温度一样，如果你觉得"我不想听这个"，也可以自由做出自己的选择。

因此，想理解他人感受的时候不妨直接询问对方，想让对方知道自己想法的话，不要顾虑，更不必压抑，说出来就好了。

我这样想的时候，好像有生以来第一次获得了思想的自由，我感到自己充满了力量。

17

放松下来，感受存在的意义

时而放松，时而全神贯注，就像昼开夜闭的花一样，在放松和专注的循环往复中生长着。

我以博客和文稿的形式写作已有8年，自从意识到写文章要有真情实感后，我开始关注如何放松心情。

调整身心，就像凝视湖底一样观照内心。写作的时候不仅要思考，还要深入内心，挖掘自己真正的想法和感受。这样写出来的文字才能让读者产生共鸣，在阅读的时候默默点头"啊，是这样的啊"，让读者感觉好像和作者进行了深层次的心灵交流。

我还在练习这样的写作方式。用这种方式表达内心感受的时候，不够从容是大忌。如果给自己压力"我必须回邮件""我想在晚上11点前更新博客"，身体就会不自觉地紧绷起来，注意力也会转向外部，无法与内心产生连接。

前些天也出现了这样的状况。我想静下心来和自己的内心对话，却怎么也做不到，就像潜水员在浅滩挣扎一样。我心想："这太糟糕了，我必须放松！"于是去练习了瑜伽。在可以看到绿植的宽敞的瑜伽教室里，我跟随老师的口号，慢慢伸展身体，扭动脊柱，伸直侧腹。在活动身体的过程中，我的呼吸也渐渐平稳了下来。我用了40分钟左右来放松身体，然后进入最后的舒缓时间。

当我仰面躺在瑜伽垫上，闭着眼睛呼吸时，背景音乐切换成了古典音乐，美妙的钢琴声在教室响起。优美的旋律让我感觉自己好像飘浮在太空中，忍不住流下了眼泪。我练习瑜伽已经有9年了，这还是第一次在瑜伽教室里落泪。

在身心松弛的状态下遇到能让自己产生共鸣的事物，就能迅速感受到它。我想，我是通过放松来感受的。

成为咨询师之前，我是制造企业的一名普通员工。有一段时间，我每天早上7点出门，晚上12点才下班回家，于是向公司提出了暂时停职。后来为了维持生计，我勉强自己回到工作岗位。但我害怕工作，也害怕和人待在一起，只要去上班就有一种害怕伤口被触碰到的恐惧感。

其实，要是能和谁聊聊就好了。如果能跟他人吐露心声，坦率地说出"我真不容易啊"，让对方理解自己的辛苦，这样就会感觉好很多。

但是我害怕与他人打交道，也不知道要跟谁倾诉。就算面对少数亲近的人，我也觉得让他们听我讲话会给对方造成负担。

在这样的状态下，我只能通过独自听音乐来自我排解。听音乐是我个人的行为，不会给他人带来负担，而且自己不想听的话也可以随时停止。

优美的歌声是一个遥远的人带给我的温暖。有一段日子，我每天晚上都要躺在床上听音乐，边哭边睡。我被歌声抚慰着，同时又觉得很不可思议。

我每天听的歌的歌手并不认识我，尽管我去看过他们的现场演出，但也不过是几万名观众中的一人而已。他们不知道我的长相、我的名字，甚至不知道世界上有我这个人的存在。尽管如此，我还是有一种被温柔相待的感觉。

远处传来的歌声、晴空下看到的樱花、河边潺潺的水声，温柔的事物和美丽的风景治愈了我的心灵。人会被这个世界上存在的事物治愈，尽管它们并非为我们而存在。我体会到了这一点。

在很多歌曲和童话里，爱都被比喻成太阳。我想那一定是真的。哪怕太阳不是为我而存在，它的温暖也会照耀着我，无私地温暖着我。也许只有在安心的状态下，人才能感受到由存在于这个世界上的事物带来的稳稳的爱。

如果独处能让自己感到安心，那就一个人待着。想和他人在一起的话，就去寻找同伴吧。

花一直开着，音乐也始终存在。但只有卸下"无所谓"的铠甲，允许自己内心悸动，才能感受来自世间万物的爱。

需要空白的时间

在漫无边际的思考中，我意识到自己需要一段空白的时间。

2020年秋天出版了新书《高敏感人士的智慧》后，我一直很紧张，精神紧绷着，觉也睡不好。

高敏感人士的感受力强，日常的输入也很多。因此，我建议包括自己在内的这类人群多输出，如唱歌，和他人对话，或者把自己的心情写进日记等。但这个秋天，我却怎么也提不起劲做这些事。不想和朋友说话，同时又感到心神不宁，连日记也写不出来。

工作告一段落后，我总想断舍离。但即使想向近藤麻理惠①学习，只留下"令人怦然心动"的衣服和书籍，我也没有准确的直觉来帮助自己做出取舍，总是陷入选择困难。

在我看来，每一样东西都很独特，难以抉择。我常想："为什么完全静不下心来，我到底想做什么呢?"

这样的状态持续了20天左右。某天，我在叠衣服的时候，心里突然有一种放松下来的感觉。

---

① 近藤麻理惠：日本著名整理师、整理专家、空间规划师。代表作有《怦然心动的人生整理魔法》等。——译者注

平时，我都是一边看油管网（YouTube）视频或者海外电视剧一边做家务，但那天刚好没有打开视频。在这样的状态下，当我意识到自己处在没有输入任何东西的时候，终于松了一口气。

这几个月，我一直在埋头阅读，但好像输入太多，有点信息过载了。这种时候，只需要动起手来就好，合上书本，把音乐和视频也统统关掉。

于是，我打开柜子，拿出可以做北欧风格①篮子的手工工具，编织出了树皮纹的带子。那就用它包住塑料盒，做成一个篮子吧。量好盒子的尺寸，用剪刀把编织好的带子剪开，再竖着、横着、竖着、横着这样慢慢编。最后收紧缝隙，用双面胶临时固定。

当我专注于眼前的事情时，一些思绪不由自主地浮现在脑海，然后慢慢消失。比如，我要不要把现在做的事写进专栏？我现在虽然在工作上承受了很大压力，但老员工

---

① 北欧风格：指欧洲北部国家挪威、丹麦、瑞典、芬兰及冰岛等国的艺术设计风格，具有简约、自然、人性化的特点。——编者注

们一定也经历过同样的事情。

约30分钟后，我编好了篮子，刚好也到了去幼儿园接女儿的时间。走在常走的这条路上，我感觉自己背挺直了，呼吸也轻快起来。秋天凉爽的空气随着呼吸进入我的身体。每走一步，都能感受到鞋底踩在柏油路上的舒适感。

什么信息都不输入，就这样无所事事地度过，我好像已经很久没有这样悠闲的时间了。虽然我会有意识地思

24

考，把烦恼和困惑写在笔记本上或者整理成表格，但这样却失去了无拘无束、任由思绪漫无边际飘散的时光。

信任身体，任由身体发挥其作用。这让我想到了村上春树的文章。村上先生坚持每天跑步一小时左右，他曾这样写道：

希望一人独处的念头，始终不变地存于心中。所以一天跑一个小时，来确保只属于自己的沉默的时间，对我的精神健康来说，成了具有重要意义的功课。

……

每每有人问我：跑步时，你思考什么？提这种问题的人，大体都没有长期跑步的经历。……老实说，在跑步时思考过什么，我压根儿想不起来。

……

我跑步，只是跑着。原则上是在空白中跑步。也许是为了获得空白而跑步。

——摘自村上春树《当我谈跑步时，我谈些什么》

　　体力活也好，手工活也好，散步也好，跑步也好，我们可以在活动身体的过程中任思绪飘飞。我想，这是让我们静下心来和内心对话的时间。

　　"我是怎么想的呢?""我真正想做什么呢?"内心真实的想法好比海底的珊瑚礁。就像海面波涛汹涌、海底尘土飞扬的时候看不到珊瑚礁一样，视频、社交媒体（SNS）、网络新闻、邮件……大量信息如尘土般在脑海里飞扬，我们无法看清自己的真心。

　　据说，睡眠期间人的记忆会被整理，但是要把信息归类到它们应该去的地方，仅靠在笔记本上记录等有意识的思考是无法完成的，还需要依靠身体的活动。空白的时间需要仅仅作为空白的时间而存在。在时间的分配上，有工作时间、育儿时间，也有和朋友、伴侣相处的时间，同样也应该有空白的时间。

　　忙碌的日常生活中，有时我们会渐渐远离真实的自我，而享受空白的时间则可以让自己回归初心。我认为，空白的时间可以穿插在工作、育儿、家庭、兴趣等时间中，将这些时间很好地融合在一起。

喜欢高敏感人士做自己的心情

我喜欢晚霞刚出现时的天空。夏天是傍晚6点左右，冬天则是下午4点半左右。在那个时间点，天空还很蓝，但太阳已经开始下山，街道周围被染成了一片橙红色。这种时候外出散步，无疑是一件幸福的事。

我走在熟悉的小路上，天上驶过一架飞机。在夕阳的照射下，机身也变成了橙红色。身处东京的我接触大自然的机会相对较少，但此时高楼大厦都映照着橙红色，这是可以和自然风光媲美的宁静风景。

我们都应该静下心来欣赏周边的美丽风景，寻找一些让人开心的事物、让人开心的瞬间。当然，该生气的时候就生气。幸福生活需要充分感受，尽情体会喜怒哀乐，也需要弄清楚自己当下的心情。能够一边感受一边生活，这才是最重要的。

我在电视或杂志上谈到高敏感人士的时候，曾有人问我："所以敏感会成为我们的武器，对吗？"我很难认同"武器"这个词，一时有些语塞。敏感并非用来战斗的工具。不过，对方这样说也是出于对敏感的肯定，我会不会在用词上太过严苛了呢？

人们很容易理解"武器"这个词，但我还是不希望人们在生活中对这个世界怀有敌意。因此，我不知道这样回答对不对，但稍加犹豫后还是回答了对方："嗯……是会让人变得更强大。"

但是，强大也有成为工具的意思吧。实际上，我认为敏感并不是作为工具使用的，它是跟我们共生共存的一种特质。

感受更多，思考更多，体会更多。我很喜欢敏感这一特质。通过做咨询，我有机会触碰到来访者的内心，真切感受到了人们内心的美好与温暖。

我想，内心和敏感在很大程度上是重合的。无论好事还是坏事，都要细腻而丰富地感受。学会深入思考，尽情品味自己的所思所感。在这个过程中，也会更理解他人、更体谅他人。这就是人的内心。

无论是不是高敏感人士，大部分人都有一颗温暖的心。人之所以为人，也正是因为有这样的心，只是高敏感人士的内心更加细腻丰富。

因为有这样的前提，所以我的想法不是"既然天生敏感，那就好好利用它吧""以敏感为武器活下去吧"，而是"拥有一颗温暖的心，这太棒了""敏感太好了"。

高敏感人士也好，非敏感人士也好，都不要勉强自己。在我看来，能够轻松自在地做自己是最好的事情。

做自己也更容易在工作中取得成绩，但这终归是次要的。做真实的自己，不必在意他人眼中的成果。要相信，做真实的自己，就会很开心，自然而然地变得温柔，要珍视自己眼中的幸福。

保有一颗敏感的心就是高敏感人士最真实的状态。珍视敏感，不是因为它有用，而是因为它就是人自然状态的一部分。就像看到盛开的花会开心，看到晚霞会觉得很美一样，珍视敏感也是自然而然的事情。

在舒适的空间里小憩片刻

当我觉得内心毫无波澜的时候，有一个地方可以将我重新唤醒。这是一家名为"fuzkue"的书屋。在这里可以品尝美味的食物，店里咖啡和酒的种类很丰富，但你很难称它为咖啡店。店主阿久津先生开这家店的初衷就是想为大家提供一个阅读空间，所以这是一个很安静的场所，禁止窃窃私语，禁止带电脑，甚至不能发出用笔写字的声音。

忙碌的工作后，一个久违的休息日，我在秋天的早晨钻出暖暖的被窝，想到了fuzkue。

好想去，我必须去。于是，我把买了之后还没打开的画册装进背包，冒着小雨出门了。换乘电车前往fuzkue所在的下北泽站。打开推拉门，店员赶忙上前迎接我。随之映入眼帘的，是像酒吧吧台一样的木制柜台、拖鞋以及书架上整齐摆放的书籍。

上到二楼，可以从大窗户眺望街上的树木和住宅区。秋日微凉，店员没有像往常一样端来冰水，而是送上了温热的白开水，这让我感觉很贴心。

珍视内心的程度因人而异。虽然现在的我很在意内心的感受，但曾经有很长一段时间，我都紧闭心门，只用大

脑思考。在公司上班时，我暂时停职过一段日子。以此为
契机，我开始慢慢倾听自己内心的声音，也学会了分辨大
脑的声音（"这样做会顺利""应该这样做"等理性思考）
和内心的声音（"我想这样做""我喜欢""我讨厌"等真
实想法）。

　　所以直到现在，我依然在大脑的理性和内心的感性之
间来回穿梭，以这样的方式活着。

大脑的世界

内心世界

人类的睿智

既要考虑技巧和得失，也要关心自己的内心。这种时候需要自我调整，不管好坏，我们都要适应这个社会，这个很多时候依赖"应该这样做""这样做更好"等理性思考的社会。

但是在我看来，在fuzkue工作的各位比我更纯粹，也更加诚实地面对自己的内心。

我很喜欢店主的文字，从几年前就开始看他的博客。有一次，我看到店主在上面发了一则招聘启事，是这样写的：

比起又麻利又伶俐的人（我自己也有这种特质……），即使做得慢，做得不好，宁愿被辞退也不愿意放弃自己的真诚，背叛自己会引起生理不适，这样的人更适合我们店。

——摘自fuzkue官网

fuzkue的店员们和客人打招呼的方式也不是老套的"欢迎光临"，而是笨拙地说"您好"。店员端着水上二楼的时候，也会一级一级地、安静地爬楼梯。

32

　　整家店都充满了真诚的气氛，无论我因为工作和育儿精神紧张的时候，还是过分忙碌而变得麻木的时候，只要推开fuzkue的门，就能放松下来，觉得来到这里就没问题了。

　　fuzkue的食物和饮料都很美味，有一次我点了它家自制的泡菜，店员还特意为我附上了一个金属的果插。

　　我很惊讶它不是牙签或者塑料餐具之类的一次性用品，果插的手感也很不可思议。我想从刻印上看一下生产厂商，结果发现它是铜制的。后来，我查了一下，铜的手感比不锈钢软，拿在手上也不会有凉意。

　　果插也好，玻璃杯也好，fuzkue的每一样东西都是店主精心挑选的。秉持着"开一家能为顾客提供舒适阅读空间的店"的理念，店内的装饰是木制的，天气凉的时候为客人提供的也不是冰水，而是温热的白开水。托盘是木制的，果插是铜制的，拖鞋是不容易发出啪嗒啪嗒声的巴布什鞋①。确定好店内的风格后，要放置的物品自然而然就

---

① 巴布什鞋：起源于摩洛哥，穿起来舒适、柔软。——编者注

确定下来了。

从内饰、器皿、餐具等都可以感受到店主的用心。每次店员端来精心制作的热姜汁牛奶、香醇的芝士蛋糕和美味的鸡腿三明治等饮品和点心时，我都会觉得自己触碰到了店主暖暖的心意。

果插

放入玻璃杯中

小雨连绵，潺潺的雨声不绝于耳。天花板上有一扇大天窗，柔和的光线从阴沉的天空倾泻而下。抬头望向窗外，仿佛置身水底，从朦胧的水中仰望明晃晃的水面。

34

在一个被守护的空间内静静呼吸的时候，我感觉就像身在教堂一样。在处处追求高效的现代社会，这里点亮了一盏能让人静下心来的灯。这是一个让人暂时远离每日的忙碌，获得内心安宁的地方。在我看来，fuzkue就是珍视内心的人所建造的现代教堂。

专栏 什么是高敏感人士？

高敏感人士具体指什么样的人呢？在此，我想在阿伦博士的理论基础上加上我个人的理解，向大家做一个简单的介绍。

"长时间和他人待在一起会感到疲惫。"

"周围有人心情不好时会紧张。"

"会注意到细节处，工作起来更花时间。"

"身体容易疲劳，容易感到压力。"

你有上述感受吗？

高敏感人士往往会注意到周围人不易察觉的细微之处，该群体感受力强的特质让他们长久以来被误解为性格"过于拧巴""过于较真"等。然而，阿伦博士的调查显示，平均每5人中就有1人是天生的高敏感人士。

敏感是与生俱来的天性，它和身高一样有先天决定的成分。阿伦博士指出，敏感的人和不敏感的人（本书中称为非敏感人士）的大脑神经系统存在差异。受到光、热等刺激的时候大脑会兴奋到何种程度，这一点因人而异。比起非敏感人士，高敏感人士在受到刺激时反应更为强烈。

不仅是人，马、猴子等高等动物也同样如此，有15%～20%的高等动物对刺激反应更敏感。或许是为了让种族能够持续生存繁衍下去，才会诞生出较为敏感谨慎的个体。

高敏感人士的四个特质

阿伦博士的研究表明，敏感基于以下四个特质（DOES），其中任何一项不符合，你都无法被称为高敏感人士。

❶ D：深度思考（Depth）

把每一件事都和过去类似的经历联系起来并进行比较，不知不觉间就进行了深度思考。高敏感人士的直觉能力很强，他们会考虑到各种可能，思考到他人通常不会到

达的深度。此外，他们还会关注复杂和细微的事物。比起事物的表面，高敏感人士更倾向于关注事物的本质。

② O：易被过度刺激（Overstimulation）

高敏感人士比其他人更善于察觉并处理信息，因此也比其他人更容易感到疲劳。加之他们对声音、光、热、冷、疼痛等都很敏感，即使在气氛愉悦的活动中也会因为

受到外界刺激而感觉疲惫，同时也会因为兴奋而无法入睡。为了释放受到的过多刺激，高敏感人士需要一段安静独处的时间。

❸ E：感情反应强烈、共情能力强（Emotional & Empathy）

高敏感人士的共情能力强，容易被他人的想法和情绪

所影响。比起非敏感人士，高敏感人士脑内的镜像神经元（能够让人产生共情的神经细胞）更为活跃。因此，这类人士不太喜欢看负面新闻及暴力电影等。

❹ S：对细节的感知力强（Subtlety）

高敏感人士更易察觉到他人不易察觉的细微之处，如微小的声音、微弱的气味、交谈时对方的声调和情绪以及微妙的语感等。当然，高敏感人士容易关注到的点因人而异，不能一概而论。

以上内容以伊莱恩·阿伦《敏感的人》（1万年堂出版）和明桥大二《快乐家庭育儿》（1万年堂出版）为参考。

敏感不是病，也不是发展障碍[①]，它只是一种性格特质。由于对光和声音反应敏感，高敏感人士常被误解为患有自闭谱系障碍（自闭症、阿斯伯格综合征等发展障

① 发展障碍：指身心成长和发展过程中产生的某种偏离或阻滞状态。常发生于包括脑在内的身体各种器官的组织及其机能、生育环境、人际关系等发生缺陷或不健全的情况下。——译者注

碍），但实际上高敏感和自闭谱系障碍是两码事。患有自闭谱系障碍的人很难读懂他人的心情，而高敏感人士则很容易察觉他人的情绪，具有极强的共情能力。

如果你对自己是不是高敏感人士存有疑问，可以通过以下两种方式确认：

① 进行阿伦博士开发的高敏感人士自我诊断测试（见P140）。

② 检视自己是否完全符合上述四个特质。

第 2 章

倾听内心声音，
营造幸福人生

你想去哪里？

培养感性

倾听你作为动物的身体感觉

在心理咨询中，有时我会这样问来访者："请想出三个和你关系密切的人，朋友或伴侣都可以，他们的优点分别是什么呢？"

和我们关系密切的人身上具备的好的部分，也很可能存在于我们身上。"我的朋友很稳重，会认真地倾听我讲话"，这样说的人自己也有善于倾听的一面。"学生时代一起参加社团活动的朋友都是与众不同的人，跟他们在一起很轻松"，这样说的人自己身上也有独特的一面。

看到这里，大家可能会觉得确实如此，但我想讲的是更深层次的内容。"如果朋友们共同具备的优点自己暂时不具备，那这些优点今后很可能也会出现在自己身上。"
我把这个观点用在想要拓展自身可能性的时候。

如果你也想拓展自己的可能性，请试着按照以下步骤
进行：

① 列举出三个和你关系密切的人。

② 写出他们各自的优点。

③ 在他们共同的优点上画圈。

④ 找出这三个人有但自己没有的优点。

这已经是好几年前的事情了，我记得自己在列举朋友
和伴侣的优点时，发现他们有一个共同的优点是"身体感
觉很敏锐"。

朋友对声音的感觉很敏锐，她说："说谎的人的声
音很刺耳。"丈夫也说过："工作上同时被委托好几个项
目时，我的身体会知道要接受哪一个，它会告诉我'选
这个'。"

我向来只用大脑思考，甚至不知道身体感觉的存在，

所以我很疑惑"'身体知道'是什么意思"。因为和我关系密切的三个人身体感觉都很敏锐，所以我隐约觉得"我的家人和朋友的身体感觉都很敏锐，那我应该也很敏锐吧。虽然现在还完全不明白是怎么一回事"。

之后，在咨询过程中发生了这样一件事。当来访者说"我觉得××工作也不错"的时候，我的胸口感到莫名的不适。是身体不舒服吗？还是我的心理创伤造成的反应？这是偶然的吗？

这种状况发生了好几次。我观察了几个月，想看看自己在什么情况下会感到胸口不舒服，以及当时自己的身体状况如何、咨询的进展如何等。

我总觉得，在来访者说一些违背本心的话时，我就会隐隐感到不适。"这就是身体感觉吗？"我通过身体来学习这种感觉，并将它运用到咨询工作中。

有时，即使来访者在咨询时说"我想这样做"，那也并非他的真实想法（来访者本人也没有意识到这一点）。如果一味地按照字面意思理解对方的话，就会走入找不到出口的迷宫。

　　这时，话题便无法落到实处，或者会陷入胶着，我总觉得不对劲，谈话很难继续下去。当然，你可以重新回到出错的地方，但这样做会耗费时间和精力。现在，我能够运用自己的身体感觉，它会告诉我"这扇门是假的"。因而不必再盲目消耗咨询的时间，就能到达谈话的本质。

　　另外，身体感觉还会告诉我"现在说这个不太合适"。刚开始做咨询师的时候，我曾经犹豫要不要在咨询时指出来访者的态度问题。我想"因为这个话听起来很刺耳，所以周围人都不会告诉他吧。如果我现在不指出来，他会一直存在这个问题"。但是，话刚到嘴边就感到胃里有一阵凉意，总觉得不应该说，心情也变得沉重。

　　之所以很难开口，是因为身体反应告诉我"不能说"。如果无视这种身体感觉，咨询就无法顺利进行。对方会将自己的心封闭起来，我的话也无法传达过去。无论认为自己的语言有多贴切，仍然可能出错。有时候即使说得对也不能说，等来访者整理好自己的心情后应该能接收到我想传达的内容，但在现阶段对方心理上还不能接受。

　　当身体感觉说"不"的时候，就不要急于向对方传达自己的想法了。如果确实有必要立刻传达，也应该好好斟酌措辞之后再开口。这并不意味着"不指出对自己或对方不好的地方"，即使是关键内容，如果身体感觉告诉自己可以直说的话，就请但说无妨。这时候说的话反而会成为对方心中的催化剂，让对方能够敞开心扉侃侃而谈，即使面谈时间结束了，咨询也会因此而继续进行。

　　理解了身体感觉，平时的对话也变得轻松了。不管是和家人的对话，还是和孩子的幼儿园老师的闲聊，当你犹豫"该说什么呢？""我可以说这个吗？"的时候，与其用大脑思考，不如先确认身体感觉。如果觉得很难开口就不说，如果没有特别的不适感就可以试着说出来。

有时候，我会不小心对家人说太过分的话，让丈夫感觉不舒服。但我了解自己的身体感觉后，慢慢学会了在适当的时候控制自己"不能再说了"，话说得过分的情况也减少了。

此时此刻，我能不能和眼前的人说这些呢？依靠身体感觉进行判断比用大脑思考要准确得多，也要快得多。

在我看来，所谓身体感觉，就是人作为动物的天生直觉告诉我们是否做好了表达的准备，以及对方是否做好了接受的准备。

关注微小的声音

前面谈了身体感觉，但其实每个人都具备这样的感性：用身心感受的力量。

"今天想听那首歌。"

"不知道为什么，就是想去那家咖啡店。"

这些心情也是培养感性的技巧。很多不经意的直觉背后都是感性在起作用。随着人慢慢走上属于自己的人生道路，身体感觉和直觉等感性也会不断发挥作用。

我曾参加了某位非虚构作家的座谈会。这位作家说，他是从上班族成长为作家的，经人介绍持续给杂志社投稿，甚至有机会采访到了一般人很难见到的世界级艺术家。

因为安排了提问环节，所以我向这位作家提出了我的问题："您刚才说经人介绍，请问您是如何选择想认识的人的呢？"

得到的回答是："我想结识那些给人感觉比较开朗的人，有些人即使大权在握，但给人感觉很阴暗，我不会接近这样的人。"

另外，在广播节目中，某位歌手谈到了有关创作歌曲的话题，其中多次出现"我觉得只有现在了"这句话。这是聊到和演员合作写歌的往事时说的话，他说："我认为只有现在才能跟他一起合作。"

让自己和对方两个走在不同人生道路上的人共同释放能量的时机就是"现在"。这是一种感觉，它和"今年日程排满了，明年再说"的理性思考是不一样的。

虽然现代社会追求"逻辑思考"，但"总觉得是这样"的直觉判断也很重要。仅靠理性无法抓住意料之外的幸运，单凭感性也很难推动事物的发展。

我认为理性和感性就像车的两个轮子一样，二者缺一不可，是相辅相成的关系。感性会告诉我们"这里有很重要的东西""总觉得这样做比较好""现在就是时机"，帮助我们确立目标。理性则会让我们朝着感性告诉我们的目标不断实践和验证，踏踏实实地前进。

尽管我刚才说过在咨询中要使用身体感觉，但不能单纯依靠身体感觉来从事咨询工作。仅凭身体感觉推进对话，无异于单方面将自己的想法强加于人。所以一定要通过语言确认对方的想法，比如"我是这么想的，你不妨听听我的意见。如果有不一样的看法，请务必告诉我，这对我有很大的帮助"。

就像我过去不明白身体感觉一样，感性刚开始也只是很微弱的感觉。感性不是会让人陡然注意到的东西，所以如果不多加留心的话就容易被忽视。

无论是选衣服，还是看人，培养感性的第一步，就是

通过直觉找出线索

通过思考找到正确的道路
井沿着道路前进

接受"自己拥有这种感性"，然后试着运用感性，验证其
是否发挥了作用以及在什么时候发挥作用，并学会培养
感性。

我也多次认真倾听自己的身体感觉，在确认其是否正
确的过程中，慢慢地抓住细微的感觉，精准度也提高了。

时尚也好，对食物的品味也好，始终不变地追求它，
有一天就会突然发现自己理解了其中的奥义，有一种"我
懂了"的豁然开朗之感。时尚方面，你会知道"我想穿这
样的衣服"；料理方面，你会明白"咸菜切成这种厚度口

感会更好"，大概就是这样的感觉。

所谓"明白""有感觉"，其实就是培养了感性。

培养感性当然离不开经验的累积，但最有效的方法恐怕还是内心有足够的安全感，让感性得以成长。如果你认为时尚没有意义，那必然不会发展出对时尚的感性；如果你认为自己没有身体感觉，那就一定不会有。

时尚、料理，或者看人的眼光，在这些方面每个人都有自己独特的感性。这种感性能否上升到可以被称为品味的程度，关键在于人能否守护自己的内心，如"我的感性可以存在""我喜欢感性的自己，所以让它继续成长吧"。

小树苗长大了！

从咖啡店、卧室等环境中获取工作能量

我喜欢在图书馆、咖啡店、联合办公空间①等地到处闲逛，也会在这些地方写博客和稿子。我很容易受到周围环境的影响，"在这家咖啡店完全写不下去""陷入瓶颈的时候，可以去那里写"。对我来说，地点很重要。在喜欢的咖啡店里，我意识到了自己在不同的地点会有不同的表现。

这是一家位于商业街边的小咖啡店，木质架子上摆放着绘本和手工编织的杯垫。在这里，时间似乎过得很慢，只要走进店里就让人感到安心。

然而，我从没有在那里顺利地写过博客和稿子。店员端来冰咖啡，我打开电脑对自己说"来吧，开始写吧"，但博客总是写到一半就写不下去了，书稿也进展得不顺利。

这里和其他地方有什么不一样吗？我回头一看，发现

---

① 联合办公空间：一种为降低办公室的使用成本而进行共享办公空间的办公模式。——编者注

店里正在用收音机播放着什么。音量不大，加之我戴着降噪耳机，不太能听清播放的内容。即便如此，只要店里开着收音机，我的思绪就会受到干扰。

可以像和好友聊天一样写作，也可以一边深入挖掘一边写作。博客也好，日记也好，每个人都有自己的写作方式。写作的时候，我所做的是用文字来表达身体感觉的工作。"什么词语最适合当时的感觉呢？这个语感不对，这个也不行……这个很贴切"，就这样字斟句酌，然而如果写作时我听到收音机发出的声音或者人的谈话声，就会受到干扰。

在能听到嘈杂声的地方写不出文章。确认这一点后，我开始有意识地根据工作内容选择工作地点。无论是写博客还是写稿子，只要是从头开始写文章，我就会在家里找一个安静的角落或者去图书馆写。

家里也分为可以认真写作和无法静下心来写作的地方，现在我把一张儿童用的小书桌放到卧室里用于写作。客厅也不是不能写，但冰箱的声音和旧式录音机的马达声会成为噪声，沙发上堆积如山的衣物也会让我分心，很难集中注意力。

　　文章写得差不多了，进入雕章琢句的阶段后，我通常会去联合办公空间。对我来说，在卧室、图书馆等安静的地方会过度集中注意力，适合从头开始构思。因为在这样的空间里往往会陷入深度思考，所以反而不适合对快要完成的作品进行反复推敲。

　　在联合办公空间里，可以听到远处的闲聊声，也可以听到其他人去厨房煮咖啡等动静，会让我适当地分散注意力，较低的专注度正好适合检查文章的语言是否流畅。

　　不过，像这样根据写作进度来变换场所我觉得稍显麻烦，要是在任何地方都能工作的话进展会更快。但是，如果哪里都可以的话，就一定不会写这么多关于感受的文字了，在我看来细腻丰富的感受是很有意思的。

　　比如不能开着收音机，石头纹的桌子让人感到不自在，咖啡店里冰箱运转的声音让人受不了，想选尽量远离厨房的座位，等等。

　　清楚地意识到自己有想回避和想选择的事物是一件值得高兴的事，比如"这个不行""这个可以""原来是这样啊"，感觉发现了自己新的一面。认识自己的过程十分有趣，而且，这不完全是辛苦的事情。容易受到环境的影响，也意味着可以从环境中获取能量。

洽谈工作的时候，如果可以由自己指定地点，我通常会选择一家有大窗户的开放式咖啡店，因为店里客人开朗、充满活力的样子也会对洽谈起到积极作用。

当写作遇到瓶颈时，我会背上背包，去我心中"在那儿就能解决难题"的咖啡店。它是一家离我家不远、独具特色的复古风格的咖啡店。每次去那儿，我都感觉心情愉悦，灵感涌现，总是能找到写作的突破口。

虽然我并不总是自由的，但我想找到更多适合自己的地方，待在能够让自己施展才能的场所。

拒绝不合适的工作邀约

现在，我想谈谈关于人生的方向。我想说的是，在选择工作的时候好好确认内心的真实想法，才能创造出属于自己的幸福。

2018年，我的处女作《高敏感人士之书》出版后，几个月内就有好几家出版社来接洽我的第二本书，这让我受宠若惊，因为当时这本书还没有卖得很好。

当时，我拒绝了全部邀约。尽管出版社拜托我："您能就高敏感人士的人际关系展开写写吗？""您能深入写一下高敏感人士工作方面的问题吗？"但我已经在《高敏感人士之书》中写了自己认为这一群体所需要的内容。更重要的是，我一旦按出版社说的那样写了，就会被读者和编辑认为是"写应对烦恼的方法论"的人，下次找来的也会是类似的题材，这和我自己期待的方向并不一致。

通过咨询工作，我见证了很多高敏感人士的人生转折点。是继续从事现在的工作，还是换工作呢？是开始寻觅结婚对象，还是继续过着单身生活？站在人生的十字路口，面临需要做选择的局面，是顺应世俗的潮流，还是特立独行，选择小众的方向？不知何去何从之时，也可能是人生的转折点。

顺应世俗的潮流有时会带来好消息。比如"有机会参

加晋升考试""被安排到比现在更大的项目组""跳槽后获
得了与之前工作经历类似的工作机会"等，现实会回应我
们之前所做的一切。

听到好消息后，第一反应如果不是开心，而是脸色一
沉，想着"选这个好吗"，继而寻找做这件事的理由，这
种时候可能意味着你内心想往别的方向发展。虽然也有可
能是根据过去的经验告诉自己不能喜形于色，但内心的真
实想法可以通过二者出现的先后顺序来判断。因为真心
（心）比思考（大脑）出现得更快，所以最先感受到的心
情就是自己的真心。例如："看到那个的瞬间很高兴（真
心），想了很多后开始感到不安（思考）。"

收到第二本书的邀约在旁人看来是好事，但坦白讲我
并没有因此而高兴起来。我不能随波逐流。

无论选择哪个方向都能积累经验，但正如往山里走能
看到大自然，往城市走能看到高楼大厦一样，方向不同，
看到的风景也截然不同。

基于这样的想法，我拒绝了第二本书的邀约，但做出
这个决定其实并不容易。出版行业比较严格，如果你的作

更适合自己的方向

一直以来的方向

如果不对这条路说"不"，
就没办法转换方向

品卖不出去，你就会被认定为滞销书作者，这时便真的写不下去了。

写第二本的机会难得，真的要拒绝吗？我因为太纠结而难以抉择，于是决定去找一直以来对我照顾有加的山口由起子女士商量。

山口女士是一位培训师，同时她也是一位非常善于倾听的高敏感人士。在稳重的山口女士面前，我内心的铠甲就像平安时代常用的帘子①一般被轻轻吹起，真情实感自然流露。

理论上讲我可以写第二本书，不过这样做会面临很大的压力。但是如果拒绝的话，也许再也没有机会出第二本书了。

山口女士听了我的纠结后，爽朗地笑了笑，说："这次拒绝了，不是还可以再写吗？"

"您是说我还会收到写书的邀约吗？"

"不，我不知道你会不会再收到邀约。我的意思是你可以主动联系出版社，告诉他们你想写。"

可以说自己想写书吗？

所以，世界上的工作不都是"拒绝一次就谈判破裂，再也不合作"的吗？原来拒绝对方之后还可以再联系啊。

当时我还不擅长拒绝，对"先拒绝一次，之后再提出想写"这种做法感到很诧异，但同时也明白了不应该被动

---

① 在日本的平安时代，上层社会或皇族女性在接待男性宾客时，常会以帘子隔开。——编者注

等待出版社向我抛出橄榄枝，而要主动出击。

那之后，要拒绝对方的时候我虽然内心忐忑，但还是会跟对方表明"那些内容还不适合现在写"。拒绝之后，之前一直僵硬的肩膀一下子放松了下来，我才意识到"原来自己压力这么大啊"。

书的事情告一段落后，我开始画油画，并自己租场地举办了第一次个人画展。结果在画展结束的时候，我收到了另一家出版社的邀约。

出版社的诉求是想做一本轻薄的、读了之后能让人静下心来的书，而我收到的作为参照的书是一本有可爱插图的诗集。其实，我一直希望有一天能出版一本有插画和诗的书，但我觉得自己做不到，认为出这种书一定要变得更有名气才行。没想到现在就有这样的机会，我内心欣喜不已。

拒绝了自己看来不合适的事情后，对自己而言的好事情就会找上门来。直到现在，这种体验都在帮助我做决定。

我还是不擅长拒绝工作委托，也不擅长与他人交涉，每次遇到这样的情况都不知所措。不过，如果对方想要的主题不是我想写的，我就会主动提出"我想写的是××这样的书，在和高敏感人士交流的时候，我觉得他们需要这样的书"。

我的提议有时会通过，有时会被否决。但即使被一家出版社拒绝，如果我认为"这一定是对读者有帮助的书"，就会去找其他出版社沟通。渐渐地，我开始变得主动了。

通过自主把握方向，我一直在写自己内心认可的，也就是我觉得"要是有这样的书就好了"的书。

人生的转折点往往在不经意间到来。只要倾听内心的声音，就会知道自己真正想要的是另外的东西，同时也会知道自己不能选这个。

就算内心忐忑不安，也不要选自己认为不对的事情，要选择真正想去的方向，这才是幸福的走向。不要只是被动接受，通过表达"我想做这个"，自己也能把幸福牢牢地握在手中。

偶然也好，用自己的力量或借助他人的力量也好，时代背景也好，来自看不见的巨大力量的支持也好。在我看来，各种力量汇聚到一起可以形成合力，指向幸福的走向，不断传承下去。

顺应集体无意识的潮流

抱着"处理内心的问题首先要从身体开始"的想法，我会定期去做全身按摩。我和按摩师A女士已经认识很长时间了，按摩过程中我们会互相交流彼此的近况。有一次，我们谈到了"还是做自己喜欢的事比较好"的话题。

做自己想做的事，就会有人来帮助自己，或者获得意想不到的支持。我这样说之后，A女士给我讲了卡尔·古斯塔夫·荣格①（Carl Gustav Jung）的集体无意识②理论。

从字面上来看，你可能会觉得"集体""无意识"这两个词放在一起有些奇怪，但实际上集体无意识是人类共有的心理机制。简单地说，集体无意识就是"大家内心深处所想的事情"。

A女士做了这样一个比喻：如果把个人的自我意识比

---

① 卡尔·古斯塔夫·荣格：瑞士著名心理学家、精神分析学家，他是分析心理学的始创者，是现代心理学的鼻祖之一。——译者注

② 集体无意识：指由遗传保留的无数同类型经验在心理最深层积淀的人类普遍性精神。——译者注

作树叶，集体无意识比作河流，那么树叶要去更远更开阔的地方，它的方向就必须与河流的流向保持一致。

如果一味地追求个人利益，自我意识这片树叶就会与集体无意识这条河流逆向而行，无法一同顺利流动。同理，当有滚滚洪流袭来时，周围的人都希望你顺流而下，但如果这并不是你发自内心想做的事，那么去做这件事就如同树叶逆流而行，无法取得成果。

A女士告诉我，做自己真心想做的事之所以会获得周围人的支持，是因为这种时候河流的流向与树叶想去的方向是一致的。

65

　　我很认同这个比喻，因为高敏感人士被大众了解的过程正是如此。几年前，高敏感人士还处于鲜为人知的状态，而如今通过社交网络，这一群体找到了更多的同伴，甚至一些知名人士也公开表示自己是高敏感人士。

　　我接受采访、上电视节目，身处高敏感人士推广的浪头上，我觉得很棒，很不可思议。如果从集体无意识的角度来看这一趋势，就更好理解了。

　　在高敏感人士这个概念几乎不为人知，《高敏感人士之书》也完全没有大卖的时候，我曾收到电台节目的邀请。现在，《高敏感人士之书》被大量摆放在书店里，但当时就算去大书店也可能只找得到一本，我很好奇电台工作人员是怎么知道这本书的。

　　在与电台负责人的碰头会上，我问他："您为什么会对这本书感兴趣呢？是有人推荐的吗？"他回答我说："不，我只是在书店碰巧拿到。我想我大概也是高敏感人士吧。"

　　在那之后，我以一两个月一次的较低频率接受杂志和网络媒体的采访，每次节目编导和撰稿人都会跟我说："其实我也是高敏感人士，一直以来都很辛苦，所以我想让大家了解这点。""我妻子是一位高敏感人士，读了您的书后，我更体谅妻子了，所以这次想采访您。"

有一次，某个节目以"保持敏感的状态很危险"这样错误的切入点来采访我的时候，工作人员中的某位高敏感人士立刻打断道："敏感不是消极的，关于这一点（打断采访）我会好好跟上司说明。"后来，那家媒体非常郑重且详细地向观众介绍了高敏感人士这一群体。

写了一本关于高敏感人士的书后，我找到了很多同伴。敏感不是别人的事，而是自己的事，或是和伴侣、家人等重要的人有关的事，这本书也帮助我将阿伦博士提出的高敏感人士的概念在日本推广开来。

无论是高敏感人士这个概念，还是《高敏感人士之书》，都不是一时的流行产物，而是一种号召，"敏感是好事"的口号得到了日本各地高敏感人士的响应。

写书的时候，我常想要是人和人之间能少一些错过就好了。有时候，因为感受不同而无法理解对方，双方都没有错，却会互相伤害。如果能够了解彼此的差异，也许就不会错过了吧，两个人的关系也会变得更融洽。如果能减少错过，人与人之间能结成温暖的牵绊就好了。

现在想来，这个愿望是非常普遍的。我想，不管是不是高敏感人士，和周围的人结成温暖的牵绊是每个人内心深处的愿望。人们点赞的恐怕不是《高敏感人士之书》这一实物，而是蕴含在其中的"创造一个人们温暖相连的世界"的想法。我认为这种想法与集体无意识是一致的，它顺应潮流，并在很多人的帮助下得到广泛传播。

做不了那么多事

结束一天的工作，我收拾好餐桌上的餐具，泡上一杯洋甘菊茶，做一个深呼吸。我的一位担任运营非营利组织（NPO）法人同时兼顾育儿的朋友跟我说："最近终于可以坐下来了。"我觉得这简直不可思议。虽说很忙，但也不至于连坐下的时间都没有吧。仔细一问才知道，朋友的意思是"终于能坐下来发呆了"。

从物理上来说，我工作的时候一直坐着，但从放松的角度来说，我从来没有坐着过。坐着的时候在工作，不工作的时候也要忙各种事情，如"趁现在做点红薯吧（女儿的零食）""出门前启动洗衣机""必须回邮件了"等，完全没有发呆的时间。

孩子出生前，不管别人怎么说带孩子很辛苦我都很难体会，直到真的生完孩子后，我才发现时间实在是少得可怜。

有孩子的生活，就像在原有生活的基础上再加8小时的工作量一样，工作、家务、育儿，完全忙不过来，各种事情就像温泉水一样源源不断地涌出来。

不睡觉就无法保证体力，睡觉则会压缩工作时间。在这种情况下，我非常焦虑，捶胸顿足地说"明明还想多工作一会儿"的时候数不胜数。这样暴风雨般的日子进入了第三年，最近，我终于意识到自己做不了那么多事。

如果能提高做家务和工作的效率，不就能像生孩子前那样工作了吗？就这样，我总是以"像以前一样"为目标，一有空就会工作或者做家务，内心仍然没有得到放松。

想要获得放松的时间，就要学会享受闲暇，不要在空闲的时候给自己安排事情，太过忙碌会降低幸福感。经过三年的挣扎，我终于明白了这个道理。

于是，我开始享受闲暇，确保空闲的时间就是空闲的，如在工作间隙悠闲地喝茶、赏花等。之前，我喜欢把书和杂志带到浴室，一边泡澡一边阅读，但现在我不这样做了，开始学会单纯地享受泡澡的愉悦时光，这种感觉真的好舒服。

不要在醒着的时候一直全力奔跑，要学会在空闲时适当休息，为自己创造一些放空的时光。唯有如此，才能充分体会到放松的意义。所谓放松，其方式不局限于去旅行或者休息一天等，也包括在工作间隙坐下休息、放空自己。

某日，我结束一天的工作后，在等浴缸放满洗澡水的空当，顺便把卧室的桌子收拾了。不久，浴缸的水放好了，但我想着"再坐一会儿"，于是就这样坐着了。我把两只胳膊肘支在桌子上，突然想要在这个时候祈祷。一天的工作结束后，迎来一段空白的时间，这是祈祷的好时机。那时还没有发生新冠肺炎疫情，于是我学着在欧美国家电视剧里看到的样子，双手合十，祈祷"希望世界和平"。

我没有宗教信仰，但祈祷能让内心平静下来，暂时从日常生活中抽离出来，进行广泛思考。虽然不能直接帮助到他人，但我仍然认为祈祷的时间很重要。

另外，经历了新冠肺炎疫情后，我强烈意识到有必要采取实际行动帮助正身陷困境的人们。我从以前就一直在向非政府组织（NGO）和非营利组织捐款，现在仍继续向需要帮助的地区捐款。听到处于困难中的人们的故事，看到令人痛心的新闻，我不禁感到非常焦虑，想着"我必须做点什么"。做些力所能及的事，我焦虑的心情也能得到缓解。

为了现在和未来孜孜不倦地努力

既然提到了捐款的话题，我就再多写一些，希望日后能为他人提供参考。

我本来对捐款不太熟悉，还停留在只会向"红羽毛"

女性健康援助基金①捐款的阶段，但从数年前开始，我关注到了各类公益团体的信息并向他们提供支援。

我这么做的契机是2016年熊本地震。我的老家在福冈，也有很多朋友和熟人住在九州。地震发生后，各种信息如潮水一般涌来，我在脸书（Facebook）上看到很多帖子写着"我现在要开卡车载着食物去当地"，也很想第一时间给当地人提供帮助，但时不时传出的捐款诈骗新闻，让那时的我完全不知道该把钱捐到哪里去。

我跟丈夫讲了自己的困惑，他曾参与过大地震的灾后重建工作。他告诉我，灾害发生时协调受灾地需求和捐助者信息的角色很重要（有时某种救灾物资被运抵灾区的时候这项物资已经饱和了，灾区实际上需要的是其他物资）。另外，他还告诉我，通常灾害刚发生时会涌现大量志愿者，但随着时间的推移志愿者人数将大幅减少，所以能长

---

① "红羽毛"女性健康援助基金：最早由"二战"后英国皇家空军飞行员隆纳·济世上校创立的国际性福利机构，目前全球已建有350座济世之家，其统一的标志是一片红色的羽毛，已成为世界非官方爱心组织的象征。——译者注

期援助很重要，专业的援助组织正是在做这样的事情。

那时，我了解到了一个叫作难民救助会（AAR）的日本非政府组织，难民救助会在日本和其他国家开展工作。该组织会在灾害发生后第一时间赶往现场并长期支援灾区。只能从新闻上看到受灾信息而无法了解援助情况的话会让人不安，因此难民救助会的官网上会实时更新援助动态，如"已经做好饭了""已经为灾区送上了卫生用品"等，让关心灾区的人们放心。

此外，我还会向单身妈妈论坛、自立生活支援中心等组织捐款，单身妈妈论坛是一个为单身妈妈提供帮助的组织，自立生活支援中心是致力于解决贫困问题的组织。

数年前，我读了汤浅诚[①]先生的《反贫困》一书，明白了贫困不仅是自身的责任，其根源在于社会结构的变化。

如今，不仅需要人们直接帮助正处于困境中的人，还需要政府改变相应的制度和政策，从根本上改善他们的处

[①] 汤浅诚：东京大学大学院法学博士，长期投入社会运动，关心贫穷、失业等议题。——译者注

73

境。从这个角度出发，我选择通过既参与现场援助，又向政府提出建议的单身妈妈论坛、自立生活支援中心来为需要帮助的人提供援助。

因为我每个月都定期捐款，所以会收到各组织刊载在会刊或通过电子杂志发来的援助情况汇报，里面包括各种各样的信息，如上个月向2212户家庭提供了食品援助，开展了生活谈话会，在难民营举办了关于洗手重要性的宣传活动，发放了肥皂，等等。

现在最重要的是让当下有困难的人能够获得帮助，但女儿出生后，我"希望救援团体能一直存在"的心情也愈发强烈了。我希望我们的社会是一个让女儿长大后能好好生活的社会。

与其他国家相比，日本的捐助文化还没有得到完善。少子化和老龄化导致日本经济萎缩，社会问题日益严峻。这种情况下，身边有遇到困难随时可以咨询的援助组织存在，是生存必需的、名副其实的"生命线"。

当我看到大量关于处于困境中的人的新闻，或者读到有关救援者的报道时，难免感到沮丧："我到底在做什么呢？应该还有更多事可以做，不是吗？"但我现在认为，在面向大众做募集捐款、传播信息等力所能及的事情的同时，全力以赴做好手上的事（想做的事情）不是更好吗？

人在做自己想做的事时能量最大，即使所做之事不能直接帮助他人，也能影响周围的人。虽然不能肩负起整个世界的责任，但可以做自己现在能做的事。尽管心里牵挂着困难的人们，但还是要做好自己想做的事，以此推动经济发展并持续捐款。

如果大家能一点一点地把世界引向幸福的方向就好了。

心怀憧憬，未来可期

也没有什么大的烦恼，但一想到今后会一直这样下去就觉得不甘心。我想告诉大家，当你有这种感觉的时候需要憧憬。

我很喜欢搞笑组合"东方收音机[①]"的油管网频道，

[①] 东方收音机：日本搞笑组合，由中田敦彦和藤森慎吾组成。——译者注

常看他们的节目。中田敦彦先生和藤森慎吾先生在节目中悠闲地谈论近况，两人的对话既温暖又有趣。每次看他们的视频，我都会觉得"做人真好啊"，不禁又倒回去连着看了数十个往期视频。

他们的节目不是电视上播放的那种完整谈话，而是他们的碎片化聊天和思维轨迹。他们会在节目上发表自己对一些问题的想法，如"想请哪位艺人来上节目"等，我也因此了解到小敦（我偷偷这么叫他）的想法，而藤森先生和小敦的观点完全不同。

我很羡慕他们的状态，觉得"正在纠结困惑的事情也能直接说出来，真好"，然后突然想到了"欲望来源于他人"这句话。

"欲望来源于他人"是我主编漫画随笔《我是高敏感人士也是家里蹲，但我很好》的那年夏天，调查"家里蹲"相关情况时遇到的一句话。

对"家里蹲"颇有研究的精神科医生斋藤环在他的著作中这样写道：

76

追求名牌的心情、想要古董的心情，都来自"大家都想要那个"。不是说这样不行，只是欲望本身就是这样形成的。

……

闭门不出的人往往是看起来缺乏这种欲望的人。……他们好像神仙一样，无欲无求地过着每一天。

有人建议他们"等待欲望从自己内心涌出来吧"，但我认为这是错误的建议，因为欲望是绝不会轻易涌出的。欲望来自他人，正因如此，我才格外重视与他人的关系。

——摘自《家里蹲为什么能治好?》(中央法规出版社)

做咨询的时候，来访者会告诉我他的愿望，如"想在工作中发挥自己的能力""想平静地生活""想像×先生一样在日本各地飞来飞去地工作"等。

看到某个人的样子后不禁感叹"真好啊"，憧憬着"要是能像那个人一样就好了"。有时候会因为这样被嘲笑，自己也会觉得"我在说大话"而自我否定，但其实这在生活中是非常重要的事情。

憧憬是指引我们走向幸福的指南针。

我在《高敏感人士的幸福清单》一书中提到过，人生中有三个时期，分别是：

① 治愈痛苦的时期。

② 归零时期。

③ 探索爱与快乐的时期。

人生有高峰也有低谷，我们都要经历这三个时期。根据我从事咨询工作的经验，人处于治愈痛苦的时期，会有"我不想再这样了"的想法，而在探索爱与快乐的时期，憧憬则会起到很大的作用。

从治愈痛苦的时期到归零时期

顾名思义，治愈痛苦的时期就是痛苦被治愈，负面状态归零的时期。治愈痛苦的过程伴随着生活方式的改变。如：

• 放弃以他人为优先的生活方式，重视自己的真实想法。

• 放弃为了获得他人认可而做的工作，选择发自内心想要从事的工作。

做出这些改变既需要时间也需要精力，是一项大工程。

"虽然很痛苦，但总会有办法的"，抱着这样的心理很难下定决心，而"那个人真好啊"这种朦胧的憧憬则稍显动机不足。

从治愈痛苦时期到归零时期会引起生活方式的大改变，出现这种改变的动机正是"我不想再这样了"的想法。

这并非他人将"要正视现实"的想法强加于你，而是在重视自我感受的过程中，本人深切地认识到"我不想再这样了"，也就是说，触底之后开始反弹。

从归零时期到探索爱与快乐的时期

改变生活方式后，严重的烦恼几乎消失，开始进入归零时期。一段时间内，人会进入"完全不知道今后想做什么"的状态。

想象一下火箭就很好理解了，在穿过大气层之前（逃离治愈痛苦的时期之前），发动机拼命运转，但一旦进入太空后，即使关掉发动机，火箭也可以继续前进，视野开阔了，寂静也随之降临。

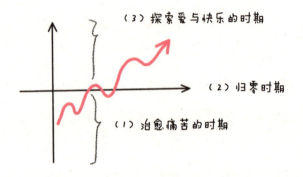

突然从忙于治愈痛苦的境况中解脱，一时失去了方向感，"接下来我该做什么呢?"

真空一样的归零时期是确定未来的目的地，即"接下来要去哪里"的时期，也是想要找到自己的幸福究竟在何处的时期。这一时期，憧憬会发挥作用。

人在一生中不会只经历一次归零时期，每次生活方式发生改变的时候都会经历这一过程。这并不意味着你要回到原来的痛苦中，只是生活方式发生了改变，从长远看它也仅仅是历时多年发生的大变化中的一个小变化。

我也曾多次经历归零时期。在这一时期，我会对具体的事情感到迷茫，"虽然知道是这个方向，但不知道具体该怎么做"。

我辞职前就决定了不再去克服弱项，而是发挥自己的强项，但我不是很清楚，具体应该做什么样的工作。

作为一名自由职业者，我尝试过各种各样的工作。在这个过程中，我发现心理咨询工作很适合自己。当这份工作能够养活自己的时候，我便进入了下一个归零时期。

我逐渐意识到了擅长还是不擅长是成果主义的讨论范畴，也慢慢明白了与其无止境地追求成果，不如珍惜幸福。

但即便如此，我依然有诸多困惑。我知道要珍惜幸福，但具体要做什么呢？如果私人生活要追求自由，那工作上要如何改变？心理咨询的内容也要改变吗？

完全不明白具体要怎么做，一切都很模糊，这让我犹豫不决。我深知要迈步向前，却不知第一步要迈向何处。这时，我想到了日常生活中的一些美妙时刻。

在节目中，中田先生坦率地讲出迷茫于"接下来要怎么办"的时刻；和作家朋友吃完饭后，朋友坚持走一小时的路回家，微笑着说"我要走回去，走着走着小说的灵感就会从天而降"的时刻。

我心里想着："真好啊，这些时刻真的太好了。"这些让人产生共鸣的时刻，让人发自内心感叹"真好啊"的时刻，每每想起，总是伴随着温柔的光。我也会朝着那个方向，即追求自由的方向前进。

我要在心里收集很多喜欢的事情，一件件地模仿、尝试。实际去做的过程中，就能慢慢了解具体的方向"大概是这样的""也许可以这样做"。

未来可期。不知道自己想怎样生活的时候，那些比我们先迈出脚步的人会让我们看到一些可实现的生活方式。那些自己由衷赞美的时刻，必定是我们内心想要去往的方向。

憧憬就像北极星一样为我们指引方向，告诉我们幸福的所在。

没有绝对的好人和坏人

忍受边界模糊的能力

我很喜欢作家燃尽[①]的散文，晚上女儿睡着后，我会

---

① 燃尽：在日本东京工作的影视行业从业者。休息时常在社交网络上就眼前形形色色的事物发表心中所感，无意间借此收获了大量粉丝。因社交网络单篇140字的字数限制，他也被称作"140字的文学家"。小说处女作《原来我们都没长大》一经公开连载便收获大量拥趸，成为2017年现象级新人作品。——译者注

认真阅读他的作品，仿佛在享用美味的点心一般。

　　在一篇3页左右的小短篇中，燃尽先生写了对奶奶的回忆以及以前和喜欢的人去先锋村①（village vanguard）的事情，笔触细腻温柔。读着读着，我也被治愈了，回想起来"原来我也经历过那样的事"。

　　或许是因为我习惯了在工作中找寻来访者的优点，给予他们正反馈，所以阅读的时候我也会分析作者的优点。从燃尽先生的散文中，我感受到的优点是忍受边界模糊的能力。他没有把自己经历过的事情和认识的人简单分类为"那个是好的或不好的"，而是让复杂的事物保持其原本复杂的状态。

　　我认为这是生活在现代社会的我们很容易丧失的能力。如今，我们要源源不断地处理各种信息，如果想要接受事物原本复杂的样子，而非简单地对其进行二元分类，需要强大的思考能力和辨别能力。

---

① 先锋村：日本大型连锁杂货店，初期以卖书为目的，后来也售卖各种创意杂货。——译者注

不要轻易分类，很多时候我们必须承认并接受事物的边界是模糊的。这在人际关系中也很重要，不要随意给他人贴"好人或坏人"的标签，要学会看到并接纳一个人的全部，看到他人身上有好的部分也有不好的部分。如果能做到这一点，就能与价值观跟自己不同的人长期交往。这是我的经历教会我的。

或许大家会认为，从事咨询工作的人总是坚定、稳重的，但其实我的内心也常常摇摆不定。在心理咨询中，我和来访者都把"来访者的幸福"放在第一位，因此我们的目的是一致的，基本上不会出现利害对立的情况。

但是，在采访和出书等工作中，我和合作方的目的有时是不同的。和对方发生利益冲突的时候，必须找到一个平衡点让工作能够继续。这种情况下，我无法分清对方是好人还是坏人。有时会和对方发生矛盾，有时又会友好互动。我很容易被对方的言辞和态度左右，开始怀疑对方。到底该如何对待这个人呢？为此，疲惫不堪的我去请教了一位友人，他这样跟我说："武田小姐，你认为世界上有好人吗？世上没有绝对的好人，只是每个人身上都有好的部分，就像奶牛身上的图案一样有白有黑。"

一开始，我不太理解他的想法，因为我认为"对方虽然跟我合不来，但他对他的家人来说是个好人"。

我承认人有好的一面也有不好的一面，但我的思维方式是"现在，那个人是在用好的一面来跟我相处"。

"在那件事上是个好人，在这件事上是个糟糕的人。"结果，我还是会简单地给人贴"好人或糟糕的人"的标签，只是场合不同所贴的标签也不同罢了。

对方身上好的部分和不好的部分与对自己有利的部分和有害的部分是同时存在的。不要片面地看待他人，要看到对方的全部并接纳它们。"同时"是关键，虽然这对我来说真的很难。当我试图这样做的时候，感觉消耗了很多脑细胞。

如果可以的话，不妨试着想出一个你认为真的很好的人，如果一直纠结"那个人的这部分跟我合不来，那部分跟我合得来"，会不会很郁闷呢？

人总是不自觉地想把他人归类为好人或坏人，如"这个人基本上可以说是个好人"之类的。就像奶牛既不是白色的也不是黑色的一样，人也是如此，不要把一个人二元地分为好人或者坏人，而要全盘接受，承认每个人身上既有好的一面，也有不好的一面。

是谁在说我？

摆脱非黑即白的人际关系

我在没有安全感的环境中，也很容易用非黑即白的观念判断他人，人际关系只有"是敌是友""喜欢还是讨厌"，几乎不存在一般的区域。

判定对方是伙伴后会对其非常热情。如果对方是下属，就会把他收入麾下，为他的发展助力。但一旦发现对方有自己讨厌的地方（不符合自己期待的地方），就会变得很讨厌对方，认定他是敌人。

出现这种情况时，人们往往会归因为自己性格有问题，但事实并非如此。用非黑即白的态度来处理人际关系并非天生的性格，而是人们为了在严酷的环境中生存下去而不得不学会的处世之道。

不知道什么时候会被否定、被攻击，在这样的环境中成长如同身在战场，如果不明确划分对方是敌是友将非常可怕。这种时候没有慢慢交流、了解对方的余地，必须尽早判断对方的阵营，否则就会陷入险境。

这种非黑即白的人际关系不仅会让周围的人感到不舒服，自己也会很辛苦。

学会珍惜自己，学会说真心话，接受"人是比想象中更加温柔的生物"，就能摆脱二元对立的思维，接纳事物的不确定性和边界的模糊性。

看到他人讨厌的一面时，不必感到不安，要冷静思考，"看看情况吧""人都有这样的时候吧"。不要把人简单地归类为好人或坏人，而是要辩证地、全面地看待他人，就像看待奶牛身上的黑白花纹一样。

　　刚开始，我也不习惯这样，但有意识地让自己这样去做，慢慢就学会了。最大的变化是，我对人的看法变得更温和了，也学会了从长远的角度看待他人。以前，当我把对方视作好人时，自己却感到很累。因为擅自给对方加上了"好人"的滤镜，所以如果对方做了过分的事情，我也不会立刻察觉到，即便察觉到了也认为不能随心所欲地发脾气。

　　但是，自从我将他人看作是好坏两方面同时存在的人之后，在人际交往中轻松了许多。初次见面的人对我很好时，我不再像以前一样立刻觉得他是个好人，并感激对方、信任对方，而是在心里与对方保持一定的距离，就事论事地感谢对方对我好这一行为，跟对方说："谢谢你对我这么好。"

　　不过度将他人理想化，这样更容易与人保持恰当的边界感。

　　本书第1章介绍过的"即使脑海里说对方坏话也没关系"的技巧，有利于帮助我们辩证地看待他人。

　　面对自己不喜欢的人，告诉自己"任何人都有优点，所以我要找到他的优点"也是一种办法。只是实际这么去做的时候，会发现要做到其实很难。

压抑自己讨厌一个人的心情，反而会对对方产生过敏反应，无论脑海中浮现多少对方的优点，都会觉得很反感，从而产生抵触情绪。但是，如果坦率地承认"我讨厌他的××方面"，反而会放松，更容易看到对方好的一面，"虽然讨厌他的××方面，但他的××方面很好啊"。

坦然面对自己的真心，讨厌的事物就大胆地去讨厌吧，这样能够更加客观地看待他人，不被他人左右，与他人保持恰当的距离。

来访者B女士告诉我，她和朋友出去玩的时候，因为被对方拍了午餐的照片而心情郁闷。明明是自己点的午餐，却被对方拍了照，她觉得很吃亏。但她又认为这样显得自己心胸狭隘。

我告诉她："你可以不喜欢朋友的行为，这没关系的。"一直以来，B女士都不允许自己对身边的人产生负面情绪，所以我的这句"可以不喜欢"让她很吃惊。她说自己一直想和颜悦色地对待身边人，因此把所有的不满情绪都封印了起来，不知不觉间累积了很大的压力。

之后，她按照我说的那样，允许自己不喜欢朋友的行为。她发现，自己并没有因此而讨厌对方，这再次让她感到吃惊。这时候她才意识到，不喜欢并不等于讨厌。

慢慢承认并接纳自己的真实想法，久而久之，便会以更加柔和的心情来面对身边的人和事物。

不喜欢对方的全部也没关系。一个人身上，好的部分和不好的部分是同时存在的，试着用这样的观点看待对方，除了"喜欢""讨厌"，还要扩大到"一般"的范畴，也许这样能够与他人建立起前所未有的良好的人际关系。

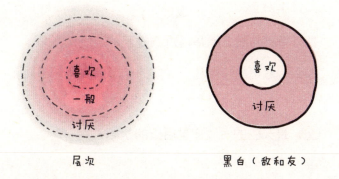

　　层次　　　　　　　　　　黑白（敌和友）

敏感与神经质的区别

本书常提到"敏感"一词，在此我想对其进行定义。敏感到底指的是什么？本书中所说的"敏感"是指高敏感人士的特质，更具体地说是指阿伦博士提出的四种特质。在四种特质的基础上，我将敏感进一步表述为"充分感受、深度思考、尽情体会的特质"，在感受、思考、体会的过程中产生对他人的共鸣。

我想告诉大家的是，"敏感的特质"和"神经质的状态"是不同的，二者很容易混淆。例如，如果有人说"我觉得职场上的那个人是高敏感人士"，很多时候说的不是对方具有敏感特质，而是指对方处于神经质状态。

那么，敏感的特质和神经质的状态到底有何不同呢？

① 是天生的气质还是后天的状态？

敏感是与生俱来的特质，它和身高一样有先天决定的成分，但神经质的状态却是后天出现的。阿伦博士在著作《发掘敏感孩子的力量》（*The Highly Sensitive Child*）中提到，胆小、神经质、爱操心、容易沮丧的性格，都不是从父母那里遗传来的，而是后天形成的。

无论是不是高敏感人士，都可能出现神经质的状态。既有高敏感人士处于神经质的状态，也有非敏感人士处于神经质的状态。

② 是自然而然的状态还是伴随着强烈的焦虑感?

从心理咨询的经验来看，我认为区分敏感的特质还是神经质的状态的方法之一是焦虑的程度。

无论是工作还是家务，一下子就能意识到"这里不对""这样做会更好"，或者察觉到他人的情绪"那个人很烦躁"，这些对高敏感人士来说都是自然而然的事情。就像注意到桌子上的杯子一样，他们能很自然地注意到细节之处以及感受到他人的情绪。

另外，"我会反复检查文件，怕搞错了""如果对方心情不好，我会担心是自己的错，很不安""总是会看别人的脸色"，如果有上述感到严重焦虑的情况，恐怕就是神经质的状态了。

说得简单一点，文件的错误也好，他人的情绪也好，"注意到其他人注意不到的细节"是一种特质，但如果面对注意到的内容，是感到"极度不安"还是觉得"没关系吧"，则是受到了之前经验的影响。

神经质的状态是为了保护自己不受不安状况影响而后天出现的。在否定自己、没有安全感的环境中长大，就必须学会自我保护。"稍微犯一点错就会被责备""会不会发生什么不好的事情"，如果像这样对周围的状况和他人的情绪过度在意，就会陷入神经质的状态。

这并不是他的错，而是生活在艰难的境况下不得已开启的保护机制。生活的烦恼和忧虑不仅与个人特质有关，还受到诸多因素的影响，如成长环境（家庭和学校）、与现在所处环境（职场和人际关系）的契合度及社会状况等。

因此，当我们对生活感到烦恼或忧虑时，要谨慎辨别它们在多大程度上是由敏感的特质造成的。在咨询工作中，很多时候即使来访者说"为自己敏感而烦恼"，但通过仔细了解便会发现，其实来访者的烦恼往往是其他原因造成的。

例如，有来访者跟我说："如果有一个正在发脾气的人在我旁边，即使他并不是在对我生气，我也会感到害怕。"可能乍一听会觉得这是由高敏感的特质引起的，但继续询问下去才知道，这跟来访者小时候的经历有关。来访者表示："父亲是一个习惯大吼大叫的人，我从小就一直很怕他。"

反复体验痛苦的事情，即使不到被虐待的程度，人也会因为接受了不良养育方式而遭受创伤，这会给孩子带来烦恼和忧虑，如"和他人在一起无法安心""月经前心情极度低落，会产生难以抑制的烦躁情绪"等（复杂性创伤后应激障碍和发育性创伤）。

高敏感人士遭受创伤的情况也存在，因此要仔细区分来访者是因为强烈的不安和曾经的创伤而变得敏感（神经质的状态和创伤引起的症状），还是与生俱来的自然而然能够注意到细节的特质（高敏感人士的特质），再在此基础上开展咨询。

　　如果认为"之所以活得辛苦都是因为高敏感的特质"，那么即便原本有其他因素或是有的烦恼可以消除，也会因为想着"高敏感是无法避免的"而放弃解决问题，这非常可惜。

　　痛苦的时候请不要一个人硬撑，试着去找医生或者心理咨询师等专业人士谈一下吧。

第 3 章

加强与自己的

联系

卸下防御，散发迷人魅力

有一次，我和某位年纪比我小的朋友一起吃午饭。我和这位朋友已经半年没见了，她变得很妩媚，长发拢在肩后，笑起来很好看。一直以来她都是很温柔的人，但那天她给我的感觉很特别，好像空气中有春天的花朵在飞舞一样。

朋友说她决定辞职，下周就要告诉上司。听到这里，我想，此刻她身上散发的魅力是即将迎来转机的人所独有的吧。

在心理咨询中，我体会到，不管是工作还是人际关系，人一旦做出某个发自内心的决定，就会像花儿盛开一样，从外表上看起来也更加有自己的个性。

以前总穿着制服一样的灰色开衫的人，现在改穿亮色系的衣服了；以前爱扎马尾的人，现在则烫了卷发披下来。这种时候，过去隐藏在装扮下的"真实的自我"才会慢慢显现出来。

同时，他们还会散发出一股神秘气息。被问到什么问题时，不会毫无防备地回答，只对信任的人说，不想回答的问题则会用微笑来代替。他们已经能够果断判断可以跟对方说什么、说到什么程度。在展现自我的同时，该保护的地方也要保护。"自我的个性"与神秘感相结合，就会散发出迷人的魅力。

这在旁人看来是很大的变化，但本人却往往难以察觉。也许你也有过这样的经历，被周围的人说"你的感觉变了啊""你变漂亮了"，但自己却完全没有意识到，"是吗？这么说来也许是的"。

在变化中，首先感觉会发生变化，紧随其后的才是思考。感觉的变化体现在对事物的选择上，如：

"不知道为什么，以前没有尝试过的颜色的衣服很吸引我。"

99

"我想要穿着舒适的内搭。"

"用发卡把刘海固定住，露出额头吧。"

　　虽然每一件都是很小的事情，但很多前所未有的选择累积在一起，人就会发生肉眼可见的改变。经历了很多细微的变化后，人才会意识到"也许我变了"。

　　虽然人很难意识到自己的变化，但从外表和行为可以推测自己内心的变化。我用这个方法来发现自身变化并乐在其中。

　　例如，早上喝红茶时，以"今天想用这个杯子"的直觉来选杯子，如果选的是白色的、看起来很清新的杯子，就会觉得"啊，今天真是干劲十足啊"；如果选的是胖乎乎的马克杯，就会想要休息一下。

　　工作方向上也是如此，对今后想做的事情感到迷茫时，我就会梳理自己近几个月的行为：

倾向于穿面料硬挺的衣服还是面料柔软的衣服？

我读了很多心理学的书，最近拿在手上的是哪种方法论的书（即使是处理同一个心理课题，也有不同的技巧和方法）？

最近，我开始在油管网上看这些视频，他们吸引我的点在哪里呢？

人拿在手上的东西和看到的东西，都体现了"此刻自己的感性"。不清楚自己的真实想法，不知道接下来该做什么的时候，只要思考一下自己的行为，便能读懂内心，也会明白自己是在朝着哪个方向前进。

某次采访让我有机会拍照，虽然日程在一个月前就定好了，但我无论如何都想不出来要穿哪件衣服。我的衣服很少，我的风格是每季都会一直穿那三四件适合自己的衣服，但最近反复穿的几件衣服都不太适合上节目。虽然不会出错，但都不是最佳选择。

我在想"是不是我的心境变了"。然而，到了采访前还是找不到合适的衣服，只得以长袖针织衫和深蓝色紧身裙的简单打扮结束了拍摄。采访结束后，我偶然进入一家服装店，看上了一件夏威夷衬衫。这是一件宽松的夏威夷衬衫，上面印着荷包蛋的图案。试穿之后，我决定买下它。付款的时候，我内心一震，"原来我现在的心情是这样的啊"，难怪工作穿的衣服我觉得都不合适。

同时，我也希望自己不要再过于认真了。认真固然是我的性格，但也有很大一部分原因是我害怕如果不好好做会惹出麻烦。

如今，我想用更鲜明、更放松的方式表现自己的内心，想为语言注入能量。当我有这样的希望时，就需要把认真放在一旁，敞开心扉。要知道，敞开心扉与自我保护并不相悖，二者是一致的。

也许有人会对你说"如果能敞开心扉就好了"，但这并不是一件容易的事。之所以封闭内心，是因为过去经历了太多痛苦，如果经历过痛苦的人依然愿意敞开心扉，这就是真正的卸下防御。

要敞开心扉，就要相信这个世界，同时也要具备保护自己的能力。具体来说，就是要相信"那样糟糕的事情很少发生，大部分人都是善良的"，以及相信自己"如果发生了什么大事，凭现在的我一定可以坦然面对"。

受到不公正对待的时候，要相信自己的身体感觉，即怒火中烧的感觉，然后大胆地表达自己的愤怒。

人要卸下防御，敞开心扉，这样才能在关键时刻保护自己。

无所事事的美好一天

一个在回复邮件和做家务中度过的平静秋日。傍晚，我去幼儿园接上女儿，两个人一起去了平时经常去的餐馆。店里的黑板上写着今日推荐菜品，店员也都是熟悉的面孔。

悬挂在天花板上的灯格外明亮，我不禁再次感叹："今天真是个好日子啊。"长大后，我才发现，我对光线的感受会随着内心状态的不同而改变。心情好的时候，会觉得周围很明亮；压力大的时候，则会感觉周围光线昏暗；过度疲劳时，我总感觉灯的光很刺眼，想把它的亮度调低一点。

我认为身体和心灵会相互影响，或许你也有这样的经历：持续的压力会导致肩膀酸痛，女性的生理疼痛也会加重。

心境不同，对光线的感受也会不同，我第一次有这样的体会是在2014年决定辞职时。那是我暂时停职后又复职将近一年的时候。复职后，我虽然去上班了，但身心始终没有安定下来，无法好好工作。

我很自责，很想辞职，但又不知道辞职之后要怎么办，所以常常一个人在家哭泣。后来，我开始考虑自立门户，并试着和姐姐以及关系好的同事们商量了一下，她们的意见各有不同，有人认为"靠自由职业维持生计，这个世界可不是那么简单的"，也有人认为"既然那么痛苦，辞职不就好了吗"，但无论他人给出什么意见，我始终无法下定决心。

在犹豫不决中，日子就这样一天天地过去了，终于，我的不安变成了焦躁。为什么不能迈出第一步呢？这种状态究竟要持续到什么时候？无奈之下，我只得发邮件咨询山口女士，她回了我一封言辞恳切的邮件，告诉我："不要陷在'公司职员＝稳定，自由职业者＝不稳定'的既定思维里出不来，要按照自己的意愿生活。"午休时，我看了邮件，走在公司走廊上，"可以辞职了"的想法突然涌上心头。

通过自由职业获得稳定生活是可行的。不管今后会如何，我都应该做点什么。想通这一点后，终于可以下定决心选择辞职了。而且，当想明白可以辞职的那一瞬间，我感觉走廊一下子变明亮了，甚至让我不禁想问："刚才走廊的灯打开了吗？"

我想，这是因为我当时压力太大，以至于无法好好生活，在这种状况下不得已封存了自己的感性，但当我从极度烦恼的状态中一下子解脱出来的瞬间，我的感受恢复了，所以才会感觉光线在变化。

再次感受到光线的变化是在2019年，那是我从公司辞职成为自由职业者，靠咨询业养活自己之后的事。当时，我和朋友正在一家餐厅聊着彼此的近况，餐厅的灯光是间接照明，大大的窗户对面是一棵银杏树，树被路灯照亮，像金色的火焰一样美丽地燃烧着。

那时，我正在烦恼要不要举办个人画展，虽然我有时会将自己的水彩画和油画作品上传到博客，但租场地让大家来看我的画作，这样的事情还从未有过。

对我来说，画作比文章更能反映人的内心，把画作给他人看需要很大的勇气。我想举办个人画展，但又很犹豫。知道自己"想做"，却又因为害怕而迟迟不敢付诸行动。

听了我的想法后，她说："我觉得办个人画展很好啊，很适合你。"那一瞬间，我感觉店里一下子明亮了起来，好像多开了好几盏照明灯一样。

有了这两次感受到光线变化的经历后，我意识到了

"我可以通过对光线的感受来了解自己的真实想法"。自那之后，每当我感到迷茫的时候，就会把对光线的感受作为指南。当做了什么或者说了什么后，如果突然感觉周围变明亮了，我便知道自己所说的、所做的一定是内心真正向往的方向。

相信身体和心灵的相互影响，这让我在日常生活中也能感受到光线的变化。一个像往常一样无所事事的傍晚，三岁的女儿困了，她爬到我的膝盖上，我抱了她一会儿，忽然觉得周围变明亮了，心想："抱着孩子真好，能让人放松下来。"

今天也是如此，即使一天都在回复邮件和做家务中度过，但内心平静，餐馆的灯光看起来也更温暖了。

"对光线的感受会根据心境的变化而变化"，这样写好像自己有特异功能，其实不然。描写心境的语言有"眼前一亮""眼前一片漆黑"等，但这些不是比喻，而是通过自主神经[①]的变化实际感受到的。

---

① 自主神经：是内脏神经纤维中的传出神经。——编者注

　　身处现代社会的我们大多用头脑思考问题，很少有机会好好感受身体的感觉，但我想，每个人或多或少都有过"心境不同，身体感觉也不同"的体验。

　　丈夫也是一位高敏感人士，他说，精神饱满的时候街道的景色也变得很立体，可以清楚地看到远处的风景。

　　我也常收到来访者的反馈，如：

　　"在咨询完回家的路上，看着地铁里的广告觉得颜色很美、很鲜艳。"

　　"鸟儿的鸣叫也听得更清晰了。"

　　"为工作发愁的时候，身体就像在沙子里游泳一样沉重，现在感觉轻了很多。"

　　除了光线的亮度之外，能够表达心境的身体感觉还有对颜色的观感和对身体重量的感觉等，它们都会随着心境的变化而变化。在视觉、听觉、嗅觉、触觉、味觉这五感中，虽然更容易感受到哪一样与他人不同，但这几种身体感觉都能反映人的内心。因此，感到迷茫的时候不妨将身体感觉作为线索，这不失为一个珍视内心的好方法。

被他人希望做自己，所以做自己

此时此刻，你的所思所感是什么呢？细细想来，我真正能理解自己的真实想法是30岁之后。很长一段时间，我的生活方式都是为了满足周围人的需求，所以没有太多的自我。

从公司辞职成为自由职业者后，我遇到了现在的丈夫，他是一个性格温和的人。和他在一起，我的心情就会放松下来，真是不可思议。

和他人在一起的时候，我总会仔细揣摩对方的想法，如"他希望我这样做吧""他好像有什么困扰"等。与其说这是因为我是高敏感人士，不如说是成长环境的影响。一旦我捕捉到对方的需求，就会很焦急地想实现它。但奇怪的是，我从来没有从丈夫身上感受到"我希望你这样做"的需求。

　　和丈夫相处的时候，我仿佛置身于大自然之中。就像大自然只是存在于那里，对人类没有任何期望一样，和他在一起，也听不到任何"我希望你这样"的声音，他给我的感觉像是平静的河滩。

　　我太意外了，忍不住问他："你没有希望我做的事情吗?"他回答道："没有。"

　　我记得，他对我说过"友纪只要做自己，过得好就可以了"这样的话。

　　我才知道，原来世界上还有像他这样的人。只是，一直以来我都是通过满足他人的需求来获得存在感的，所以不太明白"做自己"的感觉。既然不明白，就按照一直以来的方法去做，把"希望你做自己"当成他人的需求来满足。

　　在和丈夫共同生活的过程中，我有时会就家务的分担和房间的布置等询问他的意见："我想这样做，你觉得怎样呢?"有时会按照自己的心意擅自安排，而丈夫从未对我说过"不"。

　　"我太讨厌做饭了，连淘米也不想做"（现在我偶尔会做饭，但当时真的不愿意做），"冬天容易身体不舒服，我想一觉睡到傍晚"，我忐忑地问丈夫这样是否可以，结果他说完全没问题。

我和丈夫的家庭分工是他负责做饭，我负责打扫。有时我会想，他每天辛苦上班而我却在家睡觉，这样可能会让他不舒服，但我问他的时候他总是说："我们是不同的人，各自做自己的事就可以了。"

"这样也可以，那样也可以，我还以为你会生气呢，结果你说怎样都行……"

丈夫总对我说"可以"，以他为范本，我也渐渐学会了对自己说"可以"。过去，我总认为这样的自己很糟糕，一定会被讨厌，但丈夫改变了我的想法，他让我感到安心，让我知道了人和人不同，各自做自己，好好生活，才是最重要的。

我对丈夫的态度，也从揣摩他的心情"他好像很困扰啊"，到了大大方方地问他："要喝茶吗？"

我设想的那些急着要去满足的他人的需求，其实都是短暂的、表面的。两个人在一起生活，会有很多需要对方帮忙的地方，像"我明天一早开始就要开会，所以你替我送孩子去幼儿园吧""你去买牛奶吧"，这些其实是很短暂的、表面的东西。希望对方健康、幸福地活着，才是长久的、本质的东西。

要想保持自我，意味着有时候不能满足对方的短暂需求，而是重视自己的能力和自己想做或者不想做一件事的真实想法。这既不是"不被对方讨厌"，也不是"完全满足对方的需求"。

被希望做自己，那么到底如何才能保持自我呢？就像豆浆变成豆腐需要不断地尝试一样，自我也需要在一次次的尝试中才会一点一点地显现出来。

我的另一个重大发现是：自己过得舒服和体贴他人并不冲突，二者是可以并存的。不能满足对方的需求不等于任性，坚持自我也并不意味着把自己的想法强加于人。因为自己很幸福，所以能向他人伸出援手；因为内心从容，所以自然而然地变得温柔。

不再去权衡付出和回报，想着"我做了这么多，所以你也要做"，而是自然地生出对他人的体谅"我现在有空，我来做吧"。做自己，让我学会了更好地与他人相处。

你好！

和笨拙的自己在一起

某年冬日，我准备参加一期高敏感人士特辑。离电视节目录制还有几天，我却始终迷迷糊糊的，心不在焉地跟女儿讲话，网购的插座质量有问题，想着要退货就把它放回了盒子，后来却不知道连盒子一起扔到哪里去了（第二天在抽屉里找到了）。

节目录制前，我没有安排咨询工作，所以工作量并不多，但就是提不起精神，整个人无精打采。眼看着交稿日期迫在眉睫，我跟丈夫倾诉："快到截稿日期了，但我现

113

在脑子昏昏沉沉的，完全写不出来。"

丈夫安慰我说："是因为要录电视节目吧，你录影前总是这样。还有就是冬天了，稿子的收成也会减少。"

收成？是在说农作物吗？算了，是因为冬天的活动量会减少吧。

20多岁的时候，不管哪个季节，我一直都在工作，但春夏秋冬都能干劲十足地工作，作为生物来说是很奇怪的吧。

好吧，至少要沐浴在朝阳下。在丈夫开视频会议的客厅，我把马克杯和茶杯放在托盘里，端着它们去了阳台。太阳暖洋洋的，喝了热水，胃里进了东西，心情也稍微放晴了一些。

但是，上电视真的会让人这么紧张吗？大家都是如此吗？还是只有我这样呢？我已经录过好几次电视节目了，但还是不能放松下来。从好几天前就紧张得动弹不得，如此极端的反应，难道与心理创伤有关吗？

我想了很多，但大脑始终处于宕机状态。录制前就不想这么多了，等录制结束后想必大脑也会重新运转起来吧。我放弃了思考，在录节目前的那几天里，看油管网，收拾桌上的餐具，读香菇占卜[①]……每天悠闲度日。

总想着应该不停地工作，这样会很辛苦，但如果想着"还有三天，就随它去吧"，心情则会轻松很多。经过几年的练习，我终于学会了转换思维。

不要试图让一切都维持在最佳状态，有时候也需要"罢了，就这样吧"的心态。以前，我真的做不到这一点，做任何事情都要花很长时间，甚至超负荷工作。但是现在我明白了，即使并不处于最佳状态，事情也会有所进展。

高敏感人士常对我说："我总想把事情做到完美。""就算别人告诉我可以偷懒，我也不知道该怎么偷懒。""在工作中被要求'请做××'的时候，我一定会老老实实地照做，不会有丝毫差错。"

对于不自觉就会想很多的高敏感人士而言，偷懒的方法是需要后天习得的技能。看到有人偷懒，就模仿对方

---

① 香菇占卜：日本流行的一个占卜网站。——编者注

"那种程度的偷懒是可以的"，从模仿他人开始偷懒。

首先要有偷懒的概念，最重要的是，如果不认为"偷懒也没关系，能活下去"，就会出于害怕而无法偷懒。

于是，我看到女儿一边玩玩具一边说"哎，算了""不玩了"，就会在心里默默支持她。

我还想阐述一个和偷懒相似的观点，那就是持续让自己变得更好并不是容易的事。"因为开心，所以想多做点"是好事，但如果抱着"这样不行，必须要做得更好"的想法来不断提升自己，就会像爬坡一样辛苦。遇到严重的烦恼时，为了尽快摆脱困局，就需要直面自己，可以选择接受咨询或者其他更好的方法。

但是，在我看来，如果你的烦恼已经解决了，只要自己觉得没问题，那这时就是你停止自我提升，或者说停止自我疗愈的时机。

我刚开始带孩子时有过一段非常烦恼的时期，觉得自己一个人无能为力，于是我接受了心理咨询。经过两年左右的时间，我慢慢学会了如何处理自己童年时期的负面想法和心理创伤，生活也变轻松了。

但是，跨过这道坎后，我还是觉得"在咨询师看来我还有一些不太好的地方"，抱着这样的心态继续接受心理咨询，渐渐地心情却越来越糟糕了。而当我下定决心不再接受心理咨询后，就像枯萎的花朵获得了充足的水分一样，眼看着心情越来越舒畅。

人的变化是多种多样的，其中有一种，就是本认为必须改变的人开始转变观念，觉得不改变也没关系。必须改变的心态本身就会改变，我非常重视这种变化。这是当你充分肯定自我，接纳自己的人生，认为"无论自己的行为今后会产生什么后果，都将由自己承担"时所发生的变化。

如果不是对他人造成伤害，或者极度降低生活质量的行为，即使有觉得不好的部分也不必过度纠正，"现在处于低潮期，就这样过吧，时间久了就会好起来的"，这也是很重要的一种接纳自我的方式。

在相信自己、接纳自己的日子里，也会加深对自己的理解，就像伤口的结痂终有一天会脱落一样，过去不愉快的记忆也会慢慢忘却。我想，只要在专业人士的帮助下渡过难关，就能自然而然地发生必要的改变。

117

所谓"应该有的状态",即"这样才是好的状态",其实是不存在的。我在本书中多次强调要珍视自己的内心,但这不是说"珍视内心就可以,不珍视就不行"。

人生总会发生很多意想不到的事,我们无法选择出生在什么样的环境中,自然也会不可避免地承受痛苦。

无论是跌跌撞撞的时候,无法相信他人的时候,身心俱疲拼命努力的时候,还是像"我想回头看看那个人,无论如何都想被他认可"这样朝着幸福的反方向全力以赴的时候,我想,人生中只要有这些时光就是好的。

就像植物,种子时期也好,只有茎的时期也好,抑或是被雨淋得沾满泥巴的时期,或开花的时期,统统都可以。

活着,仅仅是活着,这样就很好了。

手工活是温暖的记忆

"暂停了一段时间,现在我又重新开始编织了。"

"我开始画画了。"

"我最近觉得做手工真好啊。"

听到来访者或者朋友这样说的时候，我由衷地为他们感到开心。

"虽然很想休息，但节奏一旦慢下来，就会觉得'必须做点有效率的事'，于是又会手忙脚乱。"

"午睡和玩耍都让我有罪恶感，不要休息，要学习，必须考资格证为将来做准备，提升自己。"

之前总是被"必须一直做有意义和有效率的事"等观念绑架的来访者，一旦将目光转向幸福，就会重燃对手工活的兴趣。

关注手工活，是注意力从成果转向幸福的信号。

你是否也有小时候专心致志地画画、缝制娃娃和荷包的记忆呢？随着年岁渐长，人会渐渐忘记做手工活的乐趣。当你开始重视幸福，就会有更多时间为了自己而享受生活，而不再是"为了有用""为了将来""为了有效率"等。

编织东西、制作饰品、备菜，这些都让我再次感慨纯粹地做手工活或体力活的时光很美好。我把这番话告诉年龄小我一轮，每天拼命工作的朋友时，她只说了一句："虽然手工制作很棒，但我还是觉得花钱买比较快。"

这样讲也有道理。单从时间上考虑，确实是购买来得比较快。无论是刺绣还是烹饪，手工制作的材料费通常比较贵，在性价比方面无法和量产的商品相抗衡。

即便如此也没关系。

之所以会说花钱买更快、更便宜，是因为更加注重结果。但是，亲自动手的美好并不在于结果，而在于过程本身，以及之后持续留在心中的幸福和温暖的记忆。

比如有关梅子的记忆。在果蔬店里，想着"又到了梅子的季节啊，今年是喝梅子汁呢还是喝梅子酒呢？"的时候；在弥漫着梅子香的房间里，用牙签去掉梅子蒂，然后把它们装进瓶子里的时候；差不多做好了吧，会是什么味道呢？迫不及待想尝尝的时候；做好的大量梅子汁很快就被喝完了，和家人聊天，说着明年也一起做的时候。

这些都是不可替代的珍贵记忆。

烹饪也好，编织也好，手工制作和买现成的商品是完全不同的体验，做手工活或体力活的时候好像把回忆也一起编织进去了，任由温暖的时光缓缓流逝。

幸福并非完成某件事后作为报酬奖励给人的，而是在实际去做某件事的过程中，产生的一种能让人感受到充实和乐趣的东西。

那时我很开心，很幸福，每每忆起那些温暖的场景，我都感觉内心变得更丰盈了。

能够用语言交流

有时候，我觉得无法与他人用语言交流。周围的人跟我说："寄希望于对方能够察觉到是不行的，想说的话必须诉诸语言，才能把想法传达给对方。"话虽如此，但我总觉得不对劲，有时候真的无法用语言与他人交流。这些时候到底发生了什么呢？我想写一下我的体验。

有时候我说"好美啊"，但其实想要传达的不只是这个意思。比如走在河边，在阳光的照射下，空气温暖，水波清澈。虽然看不到虫子的身影，但草丛中却传来它们的叫声……

我说的"好美啊"蕴含着很多意义，包括美丽的风景和闲适的心情等，但"好美啊"传达给别人的却只有它的字面意思。和煦的阳光下，潺潺的水声中，能与你在此一起看风景很开心，如果不把这样的心情全部说出来，对方是无法理解的。

我曾有一段时间心情低落，因为我感受到"无法用语言交流"，那是一种自己表达的东西没有被对方接收到的苦闷。

就算是我微笑，对方也不会懂，必须说明"我现在在笑，所以心情很好"，这真让人难过。

认识丈夫后，和他一起去我最喜欢的河边，我只说了一句"好美啊"，他却能完全理解我当下的感受，并且回了我一句"是的，好美啊"，这让我很惊讶。我想，丈夫说出的话一定和我一样，蕴含着很多意义，这是我第一次体会到能够用语言交流。

能用语言交流，不能用语言交流，究竟是什么意思呢？怎样才能感受到两者的差别呢？

　　当时，我并不知道到底是哪些部分没有传达给对方，也不知道自己为何会有这种感觉，现在回想起来，能交流和不能交流的差别也许在于自己的话在对方心中的认同感有多强烈吧。我之所以被"不能交流"困扰，不是因为语言，而是因为非语言的部分。

　　从河边回来后，我问丈夫："我刚才只说了一句'好美啊'，为什么你能明白我的感受呢？"他答道："这个啊，我看过你的画，能画出那种画的人怎么可能只单纯地说好美呢，一定是有很丰富的感受，才会说好美的吧。"

　　他说得如此理所应当的样子再次让我震惊。

　　语言只能表达感受的一小部分。河边正在萌芽的春草、拍打着岩石的温柔水声、和煦的阳光、和心上人在一起的喜悦……无须一一说明这些背景，只是一句"好美啊"，丈夫便能明白我当下的心境。

　　哪怕只是一句简单的话，也能让对方心中泛起涟漪，引起对方"是这样啊""我也有过这样的体验"等强烈的情感波动。只有语言和其背后的心境都能传达给对方的时候，我才会觉得能够用语言交流。人与人是不可能完全一样的，但即使不一样，也一定有能和我们有同样丰富感受，陪我们一起欣赏风景、思考人生的那个人。语言传达的不仅是字面意思，还包括背景。语言连同其中的温度和情绪一起被对方理解并接纳，这是人生的一大幸事。

　　另外，随着和丈夫共同生活的时间增加，我却感到越来越寂寞。因为找到了一个能用语言交流的人，我才意识到一直以来有很多话没能好好地传达给他人。和其他人讲话的时候，我总觉得无法沟通。难道我只能在世界的某个角落里静悄悄地活着吗？我只能和语言相通的极少数人打交道吗？

　　抱着这样的想法，我开始通过社交网络与高敏感人士这一群体建立联系。在还是公司职员的时候，我就开始写博客。"躺在河边仰望天空，心情愉悦，不想归家"，有时我会像这样把对生活的细腻感知写在博客中，我认为我的读者中一定有很多和我一样细腻敏感的人。

　　但当时是2014年，那个时候高敏感人士这个概念几乎不为人知，也没有相关的话题标签。根据阿伦博士的说法，每5人中就有1人是高敏感人士，那么这些人究竟在哪里呢？

　　我通过博客联系了好几位我认为可能是高敏感人士的人，但除此之外，我无法再凭借自己的力量找到更多高敏感人士了，于是我决定创建一个圈子。

　　我在博客的主页上发布了这样一段话："如果你觉得自己是高敏感人士，请举手。为了让高敏感人士找到彼此，我决定创建一个圈子。"有意加入这个圈子的人会在后面留下自己的博客地址、简单的自我介绍以及对高敏感人群说的一句话。

　　虽然只有这些简单的信息，但这个链接陆续被很多人分享、传播，之后的半年里约有150位高敏感人士与我联系。我震惊于原来网络上有这么多高敏感人士，同时也切身体会到了这一群体的庞大。大约两年后，随着人们对高敏感群体认知度的提高，也出现了相关的话题标签，所以我认为我创建的圈子已经完成了它的使命，便不再发布了。但我还是会去浏览圈子参与者的博客，召开以"随便说说今天发生的事"为主题的线上交流会，以及在家里举办做年节菜①的活动等。

我通过博客认识了很多高敏感人士，和他们的交谈让我感到很充实，也让我清晰地感受到了自己的内心。高敏感人士聚在一起的氛围十分融洽，大家都会很自然地倾听他人讲话，一边认真思考一边交流，讲话的节奏也比较慢。就连细微的表情和语气都能被他人捕捉到，相互间的交流不再局限于语言，非语言部分也能派上用场。这让苦于语言表达的我终于找到了同类。我意识到了这世上原来

① 年节菜：将丰富多彩的日本料理合装在一起，是日本在正月庆祝新年时吃的传统料理。——编者注

也有能够和我用语言交流的人，而且还不少。

在那之后，我创建了面向高敏感人士的网站，并作为高敏感人士咨询师接受了超过700位高敏感人士的咨询。在这个过程中，我更加清楚地了解了高敏感人士和非敏感人士之间的交流差异。

这份工作的特殊之处在于，要在了解对方是不是高敏感人士的基础上与对方交流。来访者几乎都是高敏感人士，但也有读了我的书所以想来跟我交流的非敏感人士。

有些图书编辑或杂志供稿人和我交换完名片后，在自我介绍的时候轻描淡写地说一句"其实我也是高敏感人士"，或者"我是非敏感人士"，很多时候就因为简单的几句话，后来便成了我的来访者。

我很少主动问对方"你是高敏感人士还是非敏感人士"，但如果以敏感为主题接受采访，很自然就会出现上述情况。

在和高敏感人士以及非敏感人士的交流中，我深切体会到了"高敏感人士会与他人进行真实且深刻的交流"。点头的幅度、眼神接触、说话的声调、笑时的表情……高敏感人士的每一种非语言表达都比非敏感人士细腻得多。

点头的幅度和说话的声调等
非语言交流的细腻程度

就拿点头来说，高敏感人士总能读懂我微微点头的意思，并能在让我理解的前提下对我点头示意。我认为，高敏感人士在输入和输出上都很细腻，也比非敏感人士更擅长使用非语言的方式交流。

我常和杂志编辑、供稿人、电视工作者等打交道，这些团队中既有高敏感人士又有非敏感人士。我对在场的所有人说同样的话，但提及有关敏感的感受时，不同的人会有不同的反应，高敏感人士会点头表示理解"是啊"，而非敏感人士则会说"啊，是这样吗（不太明白）"。

对于不具备敏感特质的人来说，确实很难理解敏感的感受，但这并不是说敏感与不敏感孰好孰坏，两者仅仅是不同而已。

以前我对这种不同还有所胆怯，但与高敏感人士们相遇后，获得了能够用语言交流的安全感，我也开始更多地与非敏感人士用语言交流。我不再会因为觉得"对方不会理解"而在对方理解之前退缩，从而放弃表达，而是一边看着对方的样子，一边说比以前更多的话。

我不仅对非敏感人士说更多话了，对高敏感人士也更加认真地通过语言进行交流。因为非语言的交流方式可能产生误解，即便是高敏感人士之间，想要传达的内容也是通过语言传达更为确切。

当我敞开心扉，大胆地与他人交谈时，就算是"今天真是个好天气啊"这样小小的问候也能让我感受到与他人心灵的沟通。

无论是在工作上还是私下，在和各种各样的人交谈的过程中，我发现多年来我之所以没有真切体会到"能用语言交流"的快感，固然有性格的原因，但也和之前的经历有关。我从小就被无法用语言交流这一点深深伤害了，只有和高敏感人士这样感情细腻的人交谈时，我才能感受到可以用语言交流。

一个人若是在暴风雪中待了好几年，仅仅是回到屋内还不足以恢复到正常体温，如果不在温暖的火炉旁边就会冷得瑟瑟发抖。我想，自己当时大概就是这样的状态吧。

如今，我的朋友中既有高敏感人士也有非敏感人士。有时我会因为高敏感人士的细腻而感到心情放松，有时也会受益于非敏感人士的开朗。

正如我们跟一个人能否成为朋友与对方的身高无关一样，对人的喜欢也不是只看对方是否具备敏感特质。能和他人一起笑着聊天，这才是我最开心的事。

冲破"人是这样的"的框架

我接受过很多来访者关于工作方面的咨询，如"我想找到喜欢的工作""什么工作适合我呢"。这些关于工作的问题往往和父母、爷爷奶奶或外公外婆、兄弟姐妹等原生家庭的成员有关（下文我将以"父母"为代称，下文中的"父母"泛指原生家庭成员）。

例如，某位来访者跟我诉说他的烦恼，他说："我因为不喜欢以前高强度的工作所以跳槽，但新工作的职场环境也不好，同样很忙，为什么我要这么辛苦呢？"进一步交流后，我才发现，在这位来访者择业的背后，隐约能看出其父母对他的影响。

他的父母常常把对工作的不满发泄到家人身上，看着父母这个样子，久而久之，他也形成了"辛苦才是工作，享受其中就不叫工作"的工作观。也因为如此，即便在跳槽的时候拿到数个录用通知，他也会避开轻松愉快的工作，而选择自己不擅长的、沉闷的工作。或者因为固有的"工作是一件痛苦的事"的认知，虽然知道必须工作，但怎么也提不起劲。

人或多或少都会受到父母的影响，但当这种影响阻碍我们活出自我时，我们往往就需要寻求心理帮助。了解到自己面临的问题和父母对自己的影响有关，有的来访者会吃惊地表示"我完全没想到我的困扰会和这个联系在一起"，也有的来访者表示"我就觉得是这样，果然如此啊"。当然，也有人认为和父母之间的矛盾是不能对外人说的，所以想要隐瞒。

只是，这世上是否存在和父母没有矛盾的人呢？这是我作为心理咨询师最真实的疑虑。就算是看上去阳光开朗的人，只要深入挖掘他的内心，就能找到他和父母之间的矛盾，我认为的亲子关系就是这样。

不管怎么说，父母对孩子的影响真的很大。在第一家公司工作的时候，有没有想过"原来公司是这样的啊"。或者第一次打工的时候，会不会想"原来打工是这样的啊"。职场也好，工作内容也好，它们是千差万别的。但即便如此，第一个工作的地方还是会在某种程度上成为一个基准，让人觉得"原来工作或打工是这样的啊"，这种情况的升级版就是原生家庭对人的影响。

如果把自己比作一棵树，那么从原生家庭中学到的价值观就是种植树木的庭院的围栏，成长过程中受到的创伤就是庭院地下的岩石。围栏的存在未必是坏事，它也可以保护我们。

围栏和岩石的大小因人而异。有些人的情况是，很浅

的位置下埋了一块巨大的岩石，如受虐待的环境、父母不
稳定的情绪、校园霸凌等，这会从早期开始就给他在人际
关系和工作上带来烦恼。也有些人的情况是岩石埋在很深
的位置，看起来似乎没有任何问题。

在"自己"这棵树还很小的时候，人不会注意到岩石
的存在，也不会意识到自己身处庭院之中。这是一种被以
往的经验和价值观束缚的状态。

树木长得差不多的时候，根部就会触碰到岩石和庭院
的围栏。这一阶段，人会在工作和人际关系上反复遭遇同

样的问题，陷入想往前走，却怎么也前进不了的状态。在这之后，唯有避开岩石，冲破围栏，树木才能继续生长。

因此，咨询中涉及亲子关系时，我并不是以"来访者遇到了什么问题"的角度来看的，而是以"来访者已经做好了面对岩石的准备""来访者已经成长到了突破父母框架的阶段"的角度来看的。

"人是这样的""工作是这样的""和家人一起生活是这种感觉"等通过和家人共同生活建立起来的价值观，需要更新为更适合自己的价值观。

试着说出自己的真实想法，尝试做想做的事，你会发现"说出真实想法也没关系""做自己想做的事并获得了支持""工作不是痛苦的事，我们可以积极地工作"。不断积累这样的经验，之前的价值观就会慢慢发生改变。

在没有安全感的家庭中长大的来访者常常在咨询时跟我说："人真是温柔啊。"

被冷落、被否定、不被关注等，这些都只是原生家庭带给我们的不安全感，世界上大部分人并不会突然否定我们，不仅如此，他们还会为我们的开心而开心。

　　获得来自他人的温柔、体谅和帮助。即使和他人的意见发生冲突也能展开良性讨论。当来访者意识到原生家庭中缺乏的人性关怀其实像花朵一样遍布四周时，他从原生家庭中建立起来的人生观也会发生变化。

　　"世界或人原来是这样的"，穿透岩石、突破原生家庭的框架后，"自己"这棵树便能够茁壮成长，可以进一步活出自我。

了解了高敏感人士的概念并阅读了相关书籍后，有人会说："这就是我！"也有人表示："高敏感人士自我测试中的很多内容都很符合我的情况，但我也说不清楚自己是不是高敏感人士。"

有些时候，后者是"内向的非敏感人士"。内向的人善于思考，所以看起来像是高敏感人士，这类人群也很符合高敏感人士自我测试中的很多内容（阿伦博士开发的高敏感人士自我测试有好几个版本，在"符合以下23个问题中的12个以上就可能是高敏感人士"的测试中，很多内向的非敏感人士符合8个左右，自我测试内容见本专栏最后）。

如果你做了高敏感人士自我测试后仍然不确定自己是不是高敏感人士，不妨确认一下自己是否完全符合阿伦博士提出的四个特质。

以下是我的经验之谈。

内向的非敏感人士有时看起来很像高敏感人士，但他们与人交谈时，讲话的内容比较笼统，没有高敏感人士那么细致，表情管理也不像高敏感人士那样细腻。

被这类群体问到"我是不是高敏感人士"的时候，我会基于对方的高敏感人士自我测试结果和与四个特质的相符程度告诉对方："我认为你只是性格内向，并不是高敏感人士。"对方则会点头表示认可："确实如此。"

还有人问过我，人是否会后天变成高敏感人士。要知道敏感是与生俱来的特质，所以人并不会后天变成高敏感人士。只是，非敏感人士可能会因为某些原因暂时变得像高敏感人士。

遭受职场暴力或人际关系受挫的时候，为了避免再次遇到这样的事情，人会对他人的感情和周围的状况变得敏感。这是由不安导致的短暂状态，它和"自然地能够察觉他人不易察觉的细节"的天生的高敏感人士有区别。

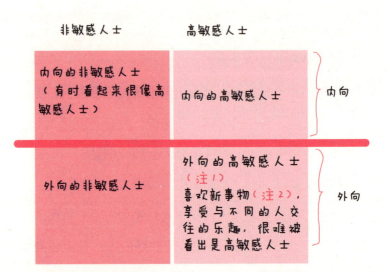

注：1. 外向的高敏感人士叫作HSE（Highly Sensitive Extroversion），阿伦博士的研究表明，约有30%的高敏感人士是外向的。这里的外向是指，喜欢和很多人聚在一起，喜欢结识各种各样的人，享受广泛和浅层交往的性格。
2. 有一类人被称为刺激探索型（HSS，High-Sensation Seeking），他们好奇心旺盛，喜欢寻求新的刺激。刺激探索型是独立于高敏感人士特质外的特质，高敏感人士和非敏感人士中都有刺激探索型。大部分外向的高敏感人士很可能被认为是刺激探索型。

　　这样的人和天生的高敏感人士不同，并不是从小就会注意各种细节。很多时候，他们会有明确的变化节点，如"学生时代什么都不在意，进入社会后经历了痛苦，之后就开始在意了"等。

　　我会告诉这类人群："我想你只是因为遇到了很大的困难才暂时变得敏感，其实并不是高敏感人士。"这样就能让对方安心了。

　　咨询过程中，只有来访者明确表示想知道自己是不是高敏感人士时，我才会告诉对方"你是或不是高敏感人士"，大部分这样提问的人知道结果后都会感到安心。

　　详细了解了高敏感人士的概念后，你是会说"确实如此"，还是"总感觉哪里不对"呢？自己是最了解自己的，唯有自己才能确切感受到自己是否符合高敏感人士的特征。人在认识到真正的自己之后才会感到安心。在我看来，能做自己是一件值得开心的事。

　　另外，虽说都是高敏感人士，但其中也有各种不同类型的人，有安静内敛的人，有喜欢在人前讲话的人，也有热衷于探索新事物的人等。

　　一个人是不是高敏感人士，不是一眼就能看出的。不信任的人突然对你说，或者身边的人带着微妙的否定语气对你说"你是高敏感人士或非敏感人士"，这是单方面给他人贴标签的行为，请大家不要这样做。

高敏感人士自我测试

☐ 时常能察觉到自身所处环境的微妙变化。

☐ 容易被他人的情绪左右。

☐ 对疼痛敏感。

☐ 如果每天的生活节奏较快，就会想钻进被窝或者待在
昏暗的房间，以远离喧嚣，获得独处的空间。

☐ 对咖啡因敏感。

☐ 对强光、浓烈的气味、粗糙的布料、汽笛声等感到
困扰。

☐ 想象力丰富，易驰于空想。

☐ 容易被噪声困扰。

☐ 容易沉浸于美术作品和音乐，并被深深打动。

☐ 很有责任心。

☐ 容易受到惊吓。

☐ 如果必须在短时间内完成某件事，会感到毫无头绪。

☐ 他人表现出不舒服时，会第一时间察觉并想办法解决（如调节灯光的明暗，为他调换座位等）。

☐ 不喜欢同时被安排多件事。

☐ 时刻注意不要犯错以及不要忘东西。

☐ 不喜欢看暴力电影和电视节目。

☐ 身边发生的事情过多时，会感到不开心，有神经敏感的倾向。

☐ 肚子饿的时候无法集中精力，容易出现较大情绪波动。

☐ 生活发生变化时，会不知所措。

☐ 喜欢怡人的香味、动听的声音、美妙的音乐。

☐ 习惯回避冲突。

☐ 工作中处于竞争环境或被观察时会感到紧张，无法发挥出应有的才能。

☐ 幼年时，被老师和家长认为自己"内向""敏感"。

第 4 章

改变后能看到

新的未来

幸福地工作，幸福地生活

我推掉了几份工作，想暂时喘口气。处女作出版后，我陆续收到了很多采访和演讲的邀约，抱着"让大家了解高敏感人士"的想法，我接受了这些邀约，总是告诉自己"现在正是努力的时候"。如今，这个"现在"已经持续了近一年，我感到有些疲惫。

一直这样下去，身心会被掏空的。我觉得这样并不幸福，因此果断停下脚步，拒绝了很多邀约。拒绝工作之前我烦恼了好几天，拒绝之后也想了很多，"是不是拒绝得太早了，要是再等一段时间就好了"，但身体和心灵是很诚实的，拒绝之后，我全身的毛孔都放松下来了，心情变得轻盈自由，疲惫不堪的身体也涌出了"今后继续努力"

的力量。

　　除了身体的感受，还有其他标准可以很容易地判断自己是否在硬撑。我的标准就是在我眼里孩子看着是否可爱。内心被所有事情塞得满满的时候，和孩子在一起对我来说是很痛苦的事。

　　晚上，我跟孩子说："我们现在要刷牙了。"她却到处乱跑，说："我正在玩。"好不容易让孩子张开嘴，刷完牙后她又说肚子饿了。

　　饿着肚子很难受啊，但是既没有剩饭，也没有鱼糕这种经过简单烹饪就可以吃的食物。没办法，我只得给孩子煮了乌冬面，结果她又说："还是不要了。"

　　内心有余裕的时候，我会说："肚子饿了吗？这样啊，不过已经是睡觉时间了哦，喝杯水再睡吧，妈妈给你讲故事。"用这类话转移孩子的注意力，但在自己身心疲惫的时候，就连这种哄孩子的精力也没有了。

　　自己内心平静的时候，看着孩子也觉得可爱，胖乎乎的小脸蛋，圆鼓鼓的小肚子。她嘴里叼着玩具给我看，说着"鬼灭之刃①，祢豆子②"，还会用笨拙的语言努力给我讲幼儿园发生的事情，童言童语可爱极了。

自己的心理状态不同，对待孩子的态度也会不一样。我认为，面对孩子必须始终保持温柔的态度，但这确实很难做到。一个人的心理状态会暴露在家人面前。就算拼命压抑自己的焦虑情绪，积累久了也总有一天会暴发。

因为没能温柔地对待孩子而焦虑了好几个小时，又因为工作停滞感到更加焦虑了，在好几次陷入了这样的恶性循环后，我开始意识到必须解决焦虑的根本原因。

必须正视自己的能力，不要想当然地认为"我应该能做到""只要努力就有办法"，要量力而行，根据实际情况适当调整工作量。

我认为家庭的幸福和工作的幸福是会互相影响的，如果在工作中体会不到幸福，势必会影响和家人的关系。如果和

---

① 鬼灭之刃：日本漫画家吾峠呼世晴所著的少年漫画。——译者注

② 祢豆子：即灶门祢豆子，日本漫画《鬼灭之刃》及其衍生作品中的女主角。——译者注

家人能够和谐相处，保持内心的温暖，工作也一定能做好。

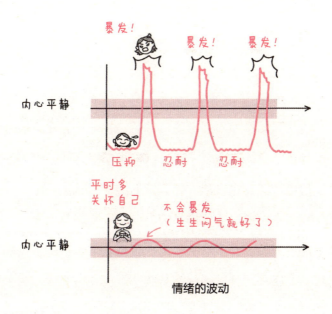

情绪的波动

　　无论是在公司工作时期，还是成为自由职业者后，我的生活都是一起床就想着工作，但其实能和家人一起平静地生活才是幸福的第一要义。

　　重要的工作如果会降低幸福感也要果断拒绝，下定决心并实际这样做了之后，我终于可以从惊涛骇浪般的日子中解脱，深吸一口气了。

我重新认识到了"要幸福地工作，幸福地生活"。

夺回人生的主导权

自从开始推掉不想做的工作后，之前再怎么睡还是觉得很疲惫的身体又恢复了活力。这半年来，我不管睡多久早上起来依然感觉很累，处于体力透支的状态。

我想，之所以会这样是因为自己本来就体力不足，再加上最近太忙。为了增强体力，我想去散步，却根本提不起精神。这种不舒服的状态持续了半年左右，我以为是身体出毛病了，赶忙去内科检查，但验血报告没有任何异常。

一筹莫展的我去看了中医，为我诊脉的S医生指出，我之所以会出现这种状况是因为一直处于紧张状态。

来访者有时会和我讲一些"自己也觉得奇怪，不知道为什么很快就累了或总是很累"之类的话，如"我每天到点下班，自己也觉得没那么大的压力，但不知道为什么每天回到家还是很累""工作太累了，休息日只想通过睡觉来养精蓄锐"等。

从心理学的角度来看，疲劳的原因因人而异，如工作中的麻烦、职场人际关系，或是过去遭受的心理创伤等。但从身体状态来看，大家都处于高度紧张状态，很多人在职场上也时刻紧绷着。

我的这次小插曲也许可以作为大家应对紧张时的参考解决办法，所以我把它写下来了。（疲劳也可能是因为生病，如果身体持续不舒服，请先去看医生。）

中医跟我说："武田女士，你的大脑一直在想事情，所以神经始终处于兴奋状态，即使睡觉也并没有休息。体力是通过高质量的睡眠来恢复的，你现在的状况就好像是对已经筋疲力尽的马不停地挥鞭子，让它继续往前跑。我先给你开点能让你平静下来的中药，让你晚上能睡好。如果一直睡不好的话，就算是喝恢复体力的中药也没有效果。"

听完他的这番话，我想了很多。我原本是不喝咖啡的，饮食也比较清淡，但工作上越来越需要我打起精神、努力拼搏，于是我开始大量喝咖啡，吃重口味的菜，累了还会喝红牛来提神醒脑，这样的状态持续了很长时间。这半年，我不知道自己为什么体力越来越差，现在明白了是因为没有休息好，心里不禁松了一口气。

在那之后，我每天都煎中药喝，严格遵守医生给我的饮食建议，尽量避免吃甜食、油腻的食物等刺激胃部的食物和喝酒，坚持吃饭八分饱，睡前四小时不进食等能使副交感神经①活动的饮食方式。

喝了一段时间中药后，晚上我从钻进被窝到入睡的时间明显变短了，睡着的时候也不再像之前一般总是处于浅寐状态，而是意识完全关闭，沉沉入睡。虽然我无论怎么睡，早晨起床依然觉得很疲惫，但体力已经恢复到休息日能陪孩子去公园玩耍的程度了。

"中医和饮食"这种从身体入手的方法对于缓解我的紧张状态起了效果，不过这说到底只是对症疗法，"到底为什么这么紧张"的疑问依然存在。

我分析了一下，觉得还是心理问题。现在回过头来

---

① 副交感神经：是自主神经的一部分，可保持身体在安静状态下的生理平衡。——编者注

看，在我持续紧张的那段时期，对各种工作邀约的处理方式都很被动。

因为电视、广播、杂志的采访等很多都是我之前没有做过的工作，所以比起想不想去做，我更倾向于抱着"机会难得，试一试"的心理答应下来。然而，随着邀约的不断增多，不知不觉对我来说已经没有"不答应"这个选项了。

在大众面前露脸的压力很大，但只要有这样的邀约我就会答应下来。因为放弃了选择的主动权，所以面对外界时不得不做好应对一切未知状况的准备（此外，我认为这跟自己成长过程中受到的创伤也有关系，不过这是今后要研究的课题）。

拒绝那些做起来不太开心的工作，不要只是一味地按照对方的要求来安排自己的工作日程，必要时也可以让对方放宽工作的完成期限。

重新找回"拒绝"这一选项，不用总是通过调整自我来适应环境，有时也要根据自身的情况来改变环境，对我来说这就是夺回人生的主动权。

虽然很迷茫，但通过自主选择，我的身心恢复了力量，五感也恢复了。一边想事情一边走在路上，蓝色的天空一望无际，树叶开始变红了，真美啊，这些美丽风景再次出现在眼前。

凡·高的《向日葵》触动人心

抱着提升自己的想法，我经常去看电影或去美术馆看展。沉迷于工作之时，我没有什么机会了解艺术，但随着对感性的重视，我开始想要邂逅一些能触动内心的东西。

我认为要想触动内心，就要去接触能够强烈反映内心的事物，也就是艺术。无论是绘画还是陶艺，艺术都反映了创作者的心境以及当时的时代风貌。

美术馆的作品不愧为传世佳作，这些作品纯粹地反映了创作者的内心，或者说将创作者的内心具象化了。

某天，我为了看凡·高的《向日葵》，晚上去了美术馆。据说这是《向日葵》第一次从伦敦来日本展览，因为是举世闻名的大师之作，所以我迫不及待地想要一睹真容。

《向日葵》被展览在展厅的最里面，那是一间没有窗户的昏暗房间，在若隐若现的灯光照射下，被好几个人围着。这是一幅长近一米的巨幅画，只是远远看着也给了我不一样的感觉，它散发着不易让人靠近的气场。我被这种气场压制，无法正视它。一开始，我从旁边靠近，从斜下方往上看。之后，回到房间的入口处，调整好呼吸后，慢慢从正面靠近……

《向日葵》的色彩看起来就像颜色不那么鲜亮的黄金。我感受到了异物感，就像是一种来历不明的东西被塞进胃里。此时此刻，眼前出现的是一位独一无二的天才画家所描绘的我难以理解的东西。

不能理解，但又很难不被触动，这是一种被卷入奇异世界的感觉。它不是可以简单地用美就能概括的作品，画作中那浑厚的深黄色，隐约透着一股疯狂。

我至今也无法用语言形容那幅画究竟是怎样的，我只能说是"《向日葵》就是《向日葵》"这样一种感觉。而且，过了一段时间后再想起来，会觉得凡·高的《向日葵》是黑暗中熠熠生辉的伟大存在，虽然实际看到的明明是色彩更沉闷的画作。

我认为有些东西是无法用语言传达的，就像只是和一个人面对面说话并不能感受到对方的全部一样。假如我和凡·高生在同一时代并且住在他家附近，即使每次散步遇到时都会和他打招呼，但如果不看他的画，恐怕也难以真正了解他是个怎样的人。可能会对他有一个笼统的印象，如他是一个古怪的人、固执的人等，但并不了解他对世界的感受以及他的内心世界。但是，看了他的画作，就能从侧面窥见他的内心。

不仅是凡·高，生活在现代社会的我们也是如此。站在我们面前的究竟是怎样的人？我们所看到的究竟是怎样的风景？正如我们不看到凡·高的画就无法理解他的内心世界一样，不通过对方最擅长的自我表达的手段，是很难理解对方内心的。

虽然社会普遍认为善于沟通是好事，但我认为从面对面的对话中了解到的只是对方表面的一小部分而已。如果那个人会通过博客、绘画、歌曲、料理、摄影、俳句等方式来表达自我，那我们就可以通过他的作品稍微了解其内心的情感旋涡，温柔、坚强、恐惧、热烈……

"他有这样的感受啊。"

"他是这样看世界的啊。"

正如绘画之于凡·高，每个人都会用自己的方式鲜明地表达自己的内心世界。有油管网博主这样的以视频方式来展示生活、表达自我的人，也有通过绘画、摄影等来表达自我的人。

自我表达的方式还可以是料理或写作，或者是对财务状况的分析、直截了当的程序等，创业者的表达方式也可能是其事业本身。能深刻表达自我的媒介多种多样，有形或无形的都有。

不要伪装自己，透过熟悉的媒介来表达自己的所思所感，展现自己的内心世界吧。让"我"和"你"之间在心灵深处产生联系，这种联系会超越时代，超越距离，就像我们即使不能和凡·高成为好友，依然会被他的画打动一样。

我认为表达是在灵魂深处心与心交流的行为。

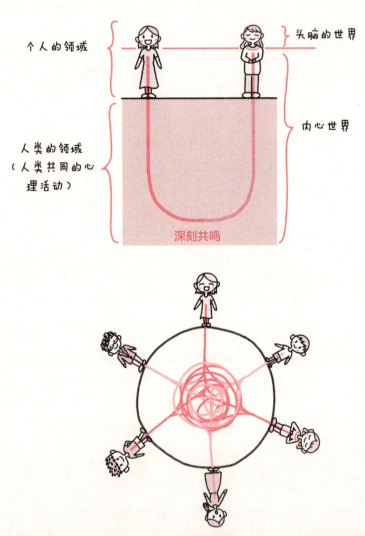

个人的领域

头脑的世界

人类的领域
（人类共同的心
理活动）

内心世界

深刻共鸣

超越思维方式、感受方式以及价值观的差异，触及作为人类共通的部分

反映内心的事物

表达方式既是避难所也是光

一位很擅长跳舞的偶像在被问到"对你来说舞蹈是什么"时，是这样回答的："（舞蹈）是人生，如果不跳舞就无法表达情绪。"占卜师香菇也曾在网络日志中这样写道："我22岁前几乎是一个不怎么讲话的人。……老实讲，即使是现在，比起说我也更擅长写。对我来说，要说的话就是我写出来的东西。"

在我看来，最能表现一个人内心的方式是对他来说是生命的一部分的那个方式。因此，仅喜欢是不够的，还要有更根本的追求。写作、绘画、唱歌等表达方式不仅能带给我们快乐，也能让我们在荆棘密布的人生路上继续走下去，是生活的重要支撑。

跳舞也好，写作也好，那些现在已在某个领域出类拔萃的人，他们在还不知道是否能取得成果的时候就已经开始了大量的实践。因为有"无论如何都要做这个"的迫切感，所以才会不厌其烦地反复练习，不断磨炼技艺，最终成为自己的才能。

姑且不论有没有成为才能，对我来说，既能带给我快乐又能支撑我活下去的是"故事"。我从小就读了很多书，也画绘本，还会写一些小说等，我的心中一直有故事。

长大成人后，在我的博客主页的自我介绍一栏，我擅长的是咨询业、写作、绘画这三项。于我而言，每一项都与听故事或写故事有关。心理咨询是倾听来访者人生故事的工作。这些故事不是虚构的，而是发生在一个个活生生的人身上，是伴随着喜悦和痛苦的故事。都说现实比小说更离奇，来访者的故事大大超越了我的想象。原来来访者的内心是这样的啊；以前的经历一直对他有影响啊……咨询过程中，我总有无穷无尽的发现。

就我的咨询工作来说，进入故事中和在故事外旁观，这两件事是同时发生的。刚开始从事咨询业的时候，听了来访者的叙述，我仿佛进入了对方的人生故事中。好像自己变成了对方，烦恼着他的烦恼。我站在对方的故事中环顾四周，只觉冷风袭来，心中泛起一丝凉意。从来访者的言谈举止，或者表情和语气的变化中，我能够看到一些故事的走向，"这位来访者想往这个方向走"，然后我会用语言给予对方反馈。

大家看漫画的时候也有这种体会吧，看的时候就会明白主人公的心思，"这个孩子想这样做啊"，即使主人公都没有意识到，作为读者的我们也会发现"啊，他恋爱了啊""他终于明白了自己的心意"等，这和我面对来访者时的感觉类似（虽然真实的人比漫画主角的感情细腻、复杂得多）。

如今，我已经掌握了身为咨询师的技能，做事情也更加富有逻辑。不过，刚开始从事这一行业时，我有一种强烈的置身于来访者故事当中的感觉。

是避难所还是主舞台

现在，我明白了自己的重心是"读或写故事"，并将其充分运用到工作中。但在辞职前的一段时间里，我的内心十分动摇，总想着"我这样做是在逃避吗"。

会不会只是因为在公司工作得很痛苦，所以才逃到故事中去呢？辞职后，我没有立刻投身于咨询业，而是打算靠画画来维持生计。也因为这样，我分不清自己是真的喜欢故事，还是一厢情愿地认为自己喜欢故事。

我去找山口女士商量，她说："画画也好，故事也好，都不是避难所，而是主舞台。"我仍然感到有些迷茫。不过，通过反复练习，我也渐渐找到了感觉。我觉得在所有与故事有关的工作中，咨询业尤其有意思。虽然我也喜欢画画，但与其说它是工作，不如说是每天的功课。如今对于咨询业，我已经不再把它当作避难所了，在山口女士的鼓励下，我真的把它变成了自己的主舞台。

我作为心理咨询师为很多高敏感人士提供咨询服务后，渐渐明白了"避难所和主舞台在很长一段时间内其概念都是相通的"。不管是绘画、写小说，还是剪纸等，任何一种方式都好，当你遭受痛苦时，不妨试着在故事中创造一个容身之处，守护心灵。

因为现实很难，所以才需要幻想，故事对我来说就是这样的存在。想用故事消解一个人无法承受的痛苦，因此想要表达的内容就像岩浆一样源源不断地喷涌而出。写作过程中我的情绪高涨，灵感不断涌现，怎么也写不完，手中的笔赋予了我很多能量。

之所以会怀疑自己是不是在逃避，我想是因为当时自己内心已经受伤，画画和写作让我找到了自我疗愈的感觉。因为总感觉自己在逃避，所以我无法确信自己是否真的喜欢做这些事。但如今我明白了，"编织"故事既是我的避难所，也是我的热情所在。

写作、绘画、俳句、唱歌、跳舞、料理……表达方式多种多样。并不是任何方式都可以作为避难所，要选择能给自己带来快乐的、自己也抱有热情的方式。

因此，当你对自己喜欢的事情感到迷茫，怀疑"这是在逃避吗""这是否只是爱好但不是工作"时，我希望你要相信自己被这种表达方式吸引的事实，以及做这件事时的喜悦。

喜欢的事是否会成为工作，这受到"如何让他人为自己喜欢的事情买单""自己能否感受到把它推广给大众的意义"等因素的影响，但我认为这件事对自己的重要性是始终不变的。

为了谁、为了什么而写

既然提到了创作的话题，我不妨再多说几句。随着人生的前进，会有暂时创作不出来的时候。当人生变得平静，完成自我疗愈，接近归零状态时，像岩浆一样喷涌而出的灵感就不再涌现。曾经为了摆脱痛苦而写作，如今却写不出来了。

我也有一段时间既写不出文章，也画不出画。"只是因为想写而写""把从内心喷涌而出的故事和画面记录下来"的幸福时期结束了，"为了谁、为了什么而写"的疑问第一次出现在我的脑海。

自己感受过美好的事物不就足够了吗？何必特意表达出来呢？我感觉自己想要表达的欲望一下子就消失了。我不再想向外界展示自己的内心，也不想跟他人交流。

那段时间，我在美术馆和有关摄影的网站上看了很多名人的作品。欣赏绘画、摄影、音乐、建筑等饱含创作者心意的作品，就好像创作者在我耳边小声说"我是这样看的""从这里看很美"。那一刻，我在和创作者一起用他看世界的角度欣赏这个世界。

去看东山魁夷①先生的真迹展时，光是走进会场就忍不住热泪盈眶。一个寂寥而美丽的世界在眼前展开，我一下子感觉整个身体都被温柔包裹住了。北欧昏暗的梦幻森林中出现了灿烂的极光，白马伫立在森林里。那一刻，仿佛东山先生在我旁边喃喃自语："这就是我看到的美景。"

不管是文章、绘画，还是音乐，请用最适合自己的方式表达自我。不要像日记一样悄悄地收在手中，要展示给他人，这样做的动机源于想要和他人一起的心情。敞开心扉，与他人交谈。超越寂寞，超越孤独，和他人一起欣赏自己眼中的美丽风景。

---

① 东山魁夷：日本风景画家、散文家。——译者注

施展魅力

对相反的两个事物说"可以"

我津津有味地看着油管网节目《彩虹桥》。在女子组合NiziU[1]的选秀节目中，从超过1万人的参赛者中脱颖而出的少女们将挑战唱歌和跳舞。

随着节目的进行，成员们的台风越来越稳，她们肆意张扬着自己的个性，每个人的脸上都充满着自信。这个节目好像把一个人的变化用快进的方式呈现给了观众。

同时，我也在节目中看到了有些人对表现自我的恐惧。有些成员虽然很有实力，但表演起来却毫无自信，她的恐惧从舞台上传给了观众，明明唱歌和跳舞都很棒，却总是一副战战兢兢的表情。

我这才意识到在人前施展魅力原来伴随着恐惧。

我认为对表现自我的恐惧不仅存在于偶像身上，写博

---

[1] NiziU：日本女子演唱组合。——译者注

客和画画的人同样如此。虽然常听到"做自己就好了"之类的话，但实际上要向大众展现自己的魅力真的很难，观众越多就越感到害怕。

我出了书之后，开始慎重选择自己输出的信息。以前在博客上写专栏的时候，内容和措辞都很随性，但随着以老师的身份越来越多地出现在大众视野，渐渐地我开始深思熟虑后再发言了。

身为专家不能发表错误的言论，这种恐惧会给我带来麻烦，也会消耗我的精力。不过，一想到访问和专栏有很多人在看，就无论如何也做不到随心所欲地说和写了。

我想尽可能以自己的样子活在社会上，不想只是作为某种角色存在，而是想以充满矛盾和复杂的、真实的自己与他人产生联系。当这种想法闪过脑海时，我穿了符合当天心情的衣服去参加了一个碰头会，我记得那是一件雪白的开衫和一条充满春天气息的柠檬黄色飘逸长裙。

一般来说，第一次见面我会穿深蓝色的紧身裙和开衫，打扮得比较稳重，但那天我就是想要穿得飘逸一些。对方看到我之后说："我还以为您是个很干练的人，没想到您很可爱啊，黄色是您的幸运色吗?"（当天，我的名片和口罩都是黄色的。）

　　那次见面非常愉快，我也由此明白了自己身上温柔的部分以及对工作的热情、在工作上的干练都是好的方面。这么一想，我才意识到，在那之前我从来没有表现出精神过于紧绷的一面（心理咨询师的精神太紧绷的话很难和来访者好好沟通）。但作为老师站在众人面前，我又无法表现得太随意。无论哪一面，都是在自我克制的基础上用来接触社会的。

　　精神紧绷也好，随意也好。当我同时认可两个相反的事物，觉得它们都可以的时候，顿时感觉可以挺直脊背，浑身充满了力量。

和欣赏自己独特之处的人相遇

　　我认为，人与生俱来的特质、成长环境和个人经历结合在一起，造就了每个人的不同性格。无论是天空还是花朵，美丽的事物都拥有各种各样的颜色。树叶的颜色也并不单一，有深绿也有浅绿，还有黄色和白色，它们都很美。

　　可爱的部分、帅气的部分、过分的部分、懒散的部分……在一个人的身上可以看到不同特质的组合，我想这就是每个人独有的魅力。所谓"这样的自己是可以的，这样的自己不能表现出来"好比涂色行为，也就是用自己认为可以的颜色来覆盖自己认为不行的颜色。这样太可惜了。

　　我看过《彩虹桥》节目中很多次成员的舞台表演，每次看都对她们有不同的印象。比如一开始只是觉得某位成员很可爱，再看一次会感觉"这个女孩在舞台上很有斗志"。每看一次都会有新发现，让人忍不住想反复看。看过的内容也不会立刻忘掉，而是会留在心里。

我想，这是因为一个人会同时展现出来很多面的缘故吧。

不知道别人会怎样看这样的自己，这种对未知的恐惧会像磨砂玻璃一样，给原本的颜色蒙上一层滤镜，在应该大胆表现的时候却退缩了。一个人如果不断地迎合周围的人，他的自我就会变得模糊。

冲破被审视、被评价的恐惧，专注地表达自己"想享受""想传达"的内容的时候，在一个人独有的色彩组合中，每一种颜色都能鲜明且清晰地被他人看到。

虽然我也很害怕如果表现出真实的自己会不会被他人讨厌，会不会让人觉得奇怪，别人会不会因此远离我……但看到NiziU之后，我明白了，所谓魅力就是自己身上的独特之处啊。

NiziU的成员吸引人的魅力点也绝不普通。他人会如何看待自己展现出来的一面是个未知数，但我认为，要施展魅力，就是要和那些欣赏我们独特之处的人相遇，他们会认可我们偏离常规的方面，觉得"这样很好，很棒"。

珍惜，就是被珍惜

我的一位高敏感的朋友向我推荐了一家茶馆，我兴冲冲地去了。那是坐落于表参道的樱井焙茶研究所，这是一家商业大厦内的小茶馆。穿过入口处的门，映入眼帘的是昏暗的灯光和6个吧台座位，吧台对面则是茶釜①，里面正咕嘟咕嘟地烧着水。

我从菜单上选择了玉露②，店员为我端来蒸过的茶叶

---

① 茶釜：茶事中用于烧水的壶。——编者注
② 玉露：日本最高级的茶叶。有浓厚的风味和独特的香气，茶色鲜绿。如宇治茶等。——译者注

让我先闻闻香气，我把鼻子凑近温热的白瓷器皿，忍不住"哇"了一声。居然不是想象中的茶香，而是浓浓的昆布高汤的香味。

第一次煎茶用低温，从第二次开始用高温。完全不像是茶，倒像是汤汁一样浓郁的鲜味，这让我颇感意外。一直保持着认真表情的茶道师笑了笑，告诉我为了引出玉露的香味需在茶叶的栽培上下功夫，而且还要注意倒茶时的温度等。

虽然是喝茶的地方，但这里给我的感觉就像其名称"研究所"一样，是从茶道和科学两方面探索美味的。

为了能让外面感受到店内的热闹，很多咖啡店座位的设计是可以让街上的行人从外面完全看到里面的。但坐在樱井焙茶研究所的吧台席却完全看不到街道和其他店，只能看到宽敞舒适的店内环境，外面也看不到店内的情况。

如果要去洗手间则必须走到店外。但是通往外面的门很矮，不弯腰就过不去，据说这是按照茶室的样子来设计的。该空间旨在让顾客探索茶的美味，好好品尝茶。在这个空间里，我忍不住感叹："这里的人好多啊。"

稍微有点跑题，但我想说，我做心理咨询的初衷就是想触碰人心。人心是有趣而温暖的，我想了解更多，触碰更多，这就是我和成百上千的人交谈的动机。

对我来说，咨询是以来访者的心为中心，我和来访者共同观察其心理活动的行为。咨询过程中被绊住而停滞不前的时候，可以找出亲子关系中存在的问题，帮助来访者朝着自己想去的方向前进。

咨询是观察他人内心活动的过程，日常生活中我很少有机会像这样清晰地感受他人的内心。

有时偶然进入某家店或者接到推销电话，我会觉得"真没有人情味啊"。虽然对方使用了敬语，但视线和注意力显然都不在客人身上。他们声音明亮，但行为却受制于工作手册，让人感觉"这是他的工作，不管是什么人他都会用这种情绪来对待"。被用这种无差别、没有温度的方式对待，我感觉自己好像也不再是人了，心变得坚硬起来。

我并不追求始终热情周到的待客方式，店员们互相开玩笑也没关系（其实我更喜欢这样的店），店员懒洋洋的也没关系。我希望店员可以自然地流露出情绪，比如今天不太舒服，这位客人有点讨厌之类的，因为我知道在众多客人中忙来忙去是一件很辛苦的事。

在茶馆看着茶道师，我有一种强烈的"有人情味"的感觉。他用勺子从沸腾的锅里舀出热水，倒入空茶具中等待。等到温度合适后，再把热水全部倒入装了茶叶的容器内。

茶道师认真的举止向顾客传达了"这样泡茶会很好喝"的信念，仿佛一副不可替代的美好画面出现在眼前，我忍不住想双手合十说："这家店出现在现代社会太好了，谢谢。"

出了茶馆，我一边回味一边走着，"珍惜，就是被珍惜"这句话突然涌上心头。虽然忍不住会想"为了谁"，但我认为那是次要的。

像樱井焙茶研究所这样对吸引自己的事物进行深入探索，给予珍惜和爱护，可以唤起接触到它的人们的温暖心情。正如我对茶道师和茶室抱有敬意，抑或是那位高敏感的朋友推荐我去他喜爱的茶馆一样。

珍惜某样事物的过程也是被珍惜的过程。珍惜能打动自己的事物，由此创造出的一切，以及创造出这一切的自己便都会被珍惜。

原来是这样啊……我觉得自己好像明白了一件很重要的事情，不禁想好好回味一下此刻胸中涌出的温暖的感觉。

回忆往事

我曾在接受某家杂志采访时，谈及高敏感人士的幸福。采访我的撰稿人也是位高敏感人士，访问结束的时候她害羞地跟我说："武田女士，其实我每天有三个幸福的时刻。早晨起床，泡咖啡时的香味让我幸福；公寓的窗外有棵树，从这棵树上能感受到四季更替，望着这棵树让我幸福；晚上钻进被窝，床单的触感让我幸福。虽然工作中有很多烦心事，但我觉得，只要能感受到这三个美妙时刻，我就可以好好活着。"

那是一次电话采访，从对方温柔的声音中便可以听出她在微笑。真好啊，我想如果自己也像那样生活的话也会很幸福。

休息日的早晨，我脑袋迷迷糊糊的，在无所事事地叠着毛巾。整个人放松下来后，指尖也变得暖洋洋的。昨天还在想"已经到了出门的时间还找不到袜子，袜子去哪儿了"，结果今天沙发上要洗的衣服堆成小山，那上面出现了三双袜子。在如此悠闲的时光中，我突然萌生了"想制造回忆"的念头。

幸福是什么？什么时候能够感受到幸福？无论是迷茫的时候，还是顺利的时候，我都会不时地回望经历过的幸福时光。阅读很幸福，外面阳光明媚很幸福，穿着奶茶色的温暖开衫也很幸福。我爱着我拥有的生活。

另外，我也常想到一些"和人产生交集"的场景，如工作结束时和同伴互相问候"雨停了真是太好了""是啊"的时候；做咨询时和来访者的互动；看着丈夫和女儿玩耍时的场景等。

　　以前我收到过巧克力礼物，因为装巧克力的浅蓝色盒子很可爱，所以我就把它放在玄关处当作钥匙盒了。我喜欢的马克杯是小学时朋友送的生日礼物，多年来我一直把它带在身边。冬天的羽绒外套是工作第二年的时候和公司的同事一起去买的。晴天披着羽绒外套出门，羽绒被太阳晒得很暖和，整个人就像被裹在刚晒好的被子里一样，有种很悠闲的感觉。虽然这件衣服我已经穿十多年了，但现在还是会想起在购物中心试穿时的场景，以及和那位同事下班后一起去喝酒，还有两个人吵架等小事。

175

　　巧克力盒、马克杯、像被子一样的羽绒外套，每次触碰记忆的钥匙，总会忍不住回忆往事。即便记忆渐渐褪色，即便不会再见到送我礼物的人，温暖的回忆的触感，或者说温柔的感觉，也会一直存在。

　　我还不太习惯处理人际关系。明白了把自己的想法说出来也没关系之后，慢慢开始可以和人闲聊了，但是不会聊轻松的话题。我的性格非常拧巴，与人打交道也很慎重。

　　无论是工作还是私人生活，我想今后还会有很多事情发生。我想从长远的角度来探究人类，如果能交到很多朋友就好了。

　　我希望能够建立更多充满回忆的人际关系。

最后，我想给大家介绍三种能够分辨真实想法的方法。

要想获得幸福，能够分辨自己的真实想法很重要。真实想法是指引我们走向幸福的指南针，它会告诉我们"让自己开心的那一个选择"。

高敏感人士很容易察觉外界的声音和周围的需求，但很难看清自己的真实想法，因此要仔细区分哪些是外界的声音，哪些是自己的真实想法。

❶ 以语言为线索来解读

是"想这样做"，还是"必须这样做"？以语言为线索，就能分辨自己的真实想法。

要明确的大前提是，所谓分辨真实想法就是要分辨是"内心的声音（真实想法）"还是"大脑的声音（思考）"。

本书第一章提到过，按照精神科医生泉谷闲示的说法，人是由"大脑""身体和心灵"构成的，"大脑"会根据过去模拟未来，告诉我们"应该……""不应该……"，与之相对，"身体和心灵"则会关注此时此刻，告诉我们"想……""不想……""喜欢""讨厌"等。

"我想这么做"是真实想法，而"必须这么做"则是大脑的声音，"其实内心并不想那样做"。比如，"我想在家里好好睡觉，但是必须去公司"的情况。"想在家里好好睡觉"是"想……"，所以是真实想法，"必须去公司"是"必须……"，所以表示本人并不想去。

② 通过身体感觉来分辨

虽然嘴上说着"我想这样"，但有时并非出于真心。如"我想学习并考证，但总是无法开始行动"等。

当语言和身体不一致时，不妨用身体感觉来分辨真实想法。试着自言自语"我想……"，感受当时的身体状态。

真实想法会让人有自然明朗的感觉，如：

- 松了一口气；
- 心情一下子变得轻松起来；
- 很期待等。

如果有：

- 义务感；
- 紧迫感；
- 被消耗感；
- 被约束感；
- 身体僵硬（呼吸困难，肩膀紧绷等）；
- 一种瞄准猎物的感觉；
- 强烈的刺激感等。

那可能就意味着你偏离了自己的真实想法。

或许是真的不想做，或许并不是自己想做的形式。不妨试着问问自己"真正想做什么""最佳状态是怎样的"。

　　"想在工作上取得更大的成果""想在感兴趣的领域获得他人认可""想报复伤害自己的人"等，如果有上述想法，并且伴随着强烈的瞄准猎物的感觉或者刺激感，那就需要引起注意了。

　　这些乍一看与兴奋相似，实则完全不同。虽然语言上是"想……"，但并不是内心的真实想法，实际上是出于大脑"应该……"的思考。

　　对于填补曾经的匮乏感的"渴望"以及对自己的严苛，如"如果我能取得成果，就可以好好活着（如果不能取得成果，就不能好好活着）"，这些都会让人朝着与"做自己就好了"的安心感相反的方向前进。

③ 和自己对话

　　"虽然有时候很迷茫，但我也不知道自己想做什么。"这种时候，不妨想象一下年幼时的自己，试着问问他吧。

- 把注意力集中到腹部，想象小时候的自己。
- 就自己现在所迷茫的事情询问小时候的自己。

比如，试着问小时候的自己："你喜欢学习吗?"如果听到这个问题后，脑海中浮现出年幼的自己正在学习的情景，那表示喜欢学习。相反，如果脑海中那个年幼的自己说"讨厌"，或者板着脸什么也不回答，那就表示讨厌学习。

你想象出的小时候的自己的反应，才是你的真实想法。

可以把自己当成守护孩子的温柔坚强的父母，让孩子实现自己年幼时想做的事情，比如睡觉、玩耍、挑战新事物等。

再者，因为年幼的自己内心很单纯，所以会直白地用"不行""喜欢""好啊"等单词来回答问题，因此，提问时尽可能提出"你喜欢那个人吗""想学习吗""想挑战一下吗"等可以简单用"可以"或"不可以"来回答的问题。

弄清楚自己的真实想法后，请尽快实现它。不想去公司的时候，即使那天很难向领导请假，也可以从力所能及的事情做起，比如当天准时下班回家，或者下周请半天假等。

　　从小事开始，一点一点地实现自己的真实想法，就能抓住珍视自己的感觉，做出重要的决定。

这样啊，不行

结语

非常感谢您读到最后。虽然本书有很多地方看起来像是方法论，但是如果能向各位读者传达我感性地生活的样子，我将倍感荣幸。

通过写这本随笔集，我再次体会到，只要倾听自己身体和内心的声音，坚信自己的真实想法，改变就会顺其自然地发生。

虽然制定目标来催生改变不失为一种方法，但我认为放任身心、朝着直觉认定的好的方向前进的方式也不错。

从不忽视一点点的违和感，到用身体感觉来分辨真实想法，细腻的感性与我密不可分。

欣赏天空的蔚蓝、感受他人的温柔、探索自己感兴趣的事物。用全身心去感受、尽情地深入思考，这才是幸福的源泉。我想要珍惜这种感觉。

高敏感人士也好，非敏感人士也好，我认为能够舒服自在地做自己就是一件很好的事。

做自己，意味着不以效率和评价等"他人眼中的成果"来衡量自己的生活，而是更在意"自己眼中的幸福"，做自己会让自己更开心，也会自然而然变得更温柔。

生命是很多个偶然叠加在一起才得以降临于世的。我希望这个世界上每个人都不要远离自我的本真，都能好好做自己。

愿无论身处顺境还是逆境，人与人之间都能相互支撑着走下去，怀着愿望和希冀。